岭南好风尚丛书

岭南家风

顾作义　主编

南方日报出版社
NANFANG DAILY PRESS
中国·广州

图书在版编目（CIP）数据

岭南家风 / 顾作义主编. — 广州 : 南方日报出版社，2017.8
（岭南好风尚丛书）
ISBN 978-7-5491-1636-2
Ⅰ. ①岭… Ⅱ. ①顾… Ⅲ. ①家庭道德－广东 Ⅳ. ①B823.1

中国版本图书馆 CIP 数据核字(2017)第 169644 号

LINGNAN JIAFENG
岭南家风

主　　编：顾作义
出版发行：南方日报出版社
地　　址：广州市广州大道中 289 号
出 版 人：周洪威
出版统筹：周山丹
责任编辑：阮清钰　陈盈璐
实习编辑：黄子旸　姜琴月　陈珮菱
封面设计：肖晓文
责任技编：王　兰
责任校对：阮昌汉
经　　销：全国新华书店
印　　刷：广东信源彩色印务有限公司
开　　本：787mm×1094mm　1/16
印　　张：15
字　　数：225 千字
版　　次：2017 年 8 月第 1 版
印　　次：2018 年 8 月第 2 次印刷
定　　价：45.00 元

投稿热线：（020）87373998-8503　读者热线：（020）87373998-8502
网址：http://www.nanfangdaily.com.cn/press　http://www.southcn.com/ebook
发现印装质量问题，影响阅读，请与承印厂联系调换。

序

慎海雄

党的十八大以来，习近平总书记高度重视文明家风建设，发表了一系列重要讲话。习近平强调，家庭是社会的基础细胞，是人生的第一所学校。我们要重视家庭建设，注重家庭，注重家教，注重家风，发扬光大中华民族传统美德。强调要重视家庭文明建设，努力使千千万万个家庭成为国家发展、民族进步、社会和谐的重要基点，成为人们梦想启航的地方。要动员社会各界广泛参与家庭文明建设，推动形成爱国爱家、相亲相爱、向上向善、共建共享的社会主义家庭文明新风尚。这些重要讲话为我们培育文明家风，创新推进家庭文明建设工作指明了努力方向，提供了根本遵循。

“忠厚传家久，诗书继世长。”中华民族自古以来重视家庭亲情，重视家风传承，留下了许许多多相关的箴言警句和感人故事，影响和塑造了一代又一代中华儿女。随着社会发展和文明演进，尤其是在社会转型的当下，一些优秀的传统价值观因家庭结构的变化和多元文化的冲击而削弱。但不论时代发生多大变化，不论生活格局发生多大变化，好家风依然是营造良好社会风气的基础。我们要积极挖掘古人的家教家风家训文化，抓好创造性继承和创造性发展，为当下培育文明家风提供丰厚文化滋养。

广东是岭南文化的发祥地，中国近代革命的策源地，全国改革开放的先行地，中西文化的交汇地，也是社会主义新文化的重要发展地，既承袭中原文化传统文化的流风遗泽，又受着现代文明和西方文化的浸润影响。经此文明孕育和滋养的广东传统家风家教文化底蕴深厚，值得深挖细掘。

它有着克绍箕裘传统耕读的一面。岭南自古商旅不绝、迁徙不断，但安土重迁的中国人即便背井离乡，依然将各家各族的姓氏文化、训诫规条怀揣不忘，耕读传家，繁衍播迁，开宗立族，形成良好的家风家训，代代传承不断。

它有着诚信敏行锐意革新的一面。岭南是海上丝绸之路的发祥地，是开放通商的门户所在。商业文明赋予其敏行革新的气魄，表现在家风传承中则常常有奇峰突起式的跃迁和变革。尤其在近代以来，许多传统家庭出身的广东人选择了投身革命、邃密群科、壮志报国、革故鼎新等，辉映了璀璨的岭南历史文化星空。

它有着开放包容海纳百川的一面。岭南是中国的南大门，是东西方文化的碰撞、交融之地，长期受到海洋文明的影响。这种社会文化风尚也深刻影响着家庭家风。所以近代欧风美雨袭来，文明碰撞剧烈之时，岭南地区出现了优异于他域的外交家、科学家、华侨领袖等现代特色族群，主动接受西方先进文明，其家风家教也带有浓厚的时代气息。

岭南传统家风家教，历久而弥新。随着我国的城镇化进程逐渐推进，商业文明浸染生活方式，人口迁移流动已成常态，它们也正深刻影响着当代中国的家庭格局和家庭风尚的形成。而千百年来的岭南家风正体现着家族徙居中的坚守传承，商贸流通中的敏行活力，文化碰撞中的兼收并蓄。因此，梳理岭南家风，弘扬优良传统，具有重要的时代价值，对当下培育文明家风依然是有重要的借鉴意义。

《岭南家风》一书的出版和传播，就是一次很好的梳理总结和社会倡导。它从历史文献、日常家书、文化名人名传中寻找背后潜藏的一以贯之的家风传承、优良风尚，既有文献整理意义，又有文化普及推广之功，这对于弘扬优秀家风文化、培育社会主义核心价值观大有裨益。

希望广大读者能从中受益，弘扬优良家风，以千千万万家庭的好家风支撑起全社会的好风气。特别是广大党员干部要带头抓好家风，以德修身、以勤兴家、以俭持家、诗书传家。

是为序。

作者系中共广东省委常委、宣传部部长

2017 年 6 月 28 日

目录

侨领　【心系桑梓情】

【诗礼传家远】

仕宦

张九龄

品性高洁，一代贤相

【家族简史】

据传，张九龄是西汉留侯张良之后，西晋壮武郡公张华十四世孙。唐仪凤三年（678 年）出生于世代仕宦的家庭。曾祖父张君政，曾任韶州别驾，因居住始兴，便为曲江人。祖父张子虔出任过窦州（治所在今广东信宜市）录事参军。父亲张弘愈，曾为新州索卢县（今广东新兴县南部）县丞，在任时张九龄随母亲在韶州生活。当时的韶州是南北交通要冲，是中原文化传入的通道。当地的灵秀风物和壮丽山河，对他的成长影响深远。

【名人故事】

张九龄（678—740），字子寿，一名博物。韶州曲江（今韶关市）人。世称“张曲江”或“文献公”。唐朝开元年间名相、诗人。他善于选拔贤能，曾辟孟浩然为荆州府幕僚，提拔王维为右拾遗。同时又忠耿尽职，秉公守法，直言敢谏，从不徇私枉法，也不趋炎附势。他凭着才华与德行为

“开元之治”做出了积极贡献。他的五言古诗，诗风清雅，以素练质朴的语言，寄托深远的人生概望，对扫除唐初沿袭下来的六朝绮靡诗风，贡献尤大。著有《曲江集》。被誉为“岭南第一人”。王维、杜甫都作有颂美他的诗篇。开元二十八年（740年）春，他请求回乡拜扫先人之墓，在五月七日因疾去世，终年62岁，皇上赠封他为荆州大都督，谥号文献。

传说张九龄未出生之时，父亲张弘愈曾在河中网鱼，网得一条足有十几斤重的大鲮鱼，神态可爱如孩童，心中不忍，便把它放走。后来夫人生得一子，神情竟与当天的鲮鱼相似，便为他取名“九鲮”。后来听惠能禅师语，改为“九龄”。

张九龄幼时聪明敏捷，擅长写作。他7岁就会写文章，13岁时写信向广州刺史王方庆求禄位，王方庆非常赞赏他，说：“这孩子一定能取得高远的成就。”25岁时，他参加进士考试，一举高第。宰相张说被贬谪到岭南，路经韶州，得阅张九龄文章，夸奖他的文章如同轻绢白练，能拯救时世，一见张九龄就厚待他，和他通谱系，以同族相称。

张九龄极尽孝道，仕宦期间多次请求回家奉养父母。父丧期间，他悲痛至极，连庭院中的树木都被感发，枝干连理。任中书侍郎时母丧，他不胜哀痛，所坐的位置旁竟生出了紫芝，白鸠、白雀纷纷飞到家中树上筑巢。宋代诗人林同为此写作《贤者之孝二百四十首·张九龄》一诗，诗云：“连理庭中木，丛生坐侧芝。未尝闻孝感，一一有兹奇。”

张九龄的伯父张弘雅是一位饱读经史、博学多才的人，在唐高宗显庆四年（659年），他成为岭南地区第一位明经及第的人。对此，明代黄佐在《广东通志·张弘雅传》中说：“粤地从此就涌现出许多文雅博学的人才。”但张弘雅一生没有外出做官，而是留在家里教授张九龄几兄弟学习文化知识。他见张九龄从小就聪明慧悟，十分喜欢，便经常教他四书五经，兼及吟诗作对。后来，张弘愈四个儿子中，除了最小的儿子（即张九龄的四弟张九宾）没有出仕以外，其余三兄弟都有出仕，而且宦途畅顺，步步高升。三弟张九章曾经担任桂阳郡长史、岭南经略使等职，后升为三品官。二弟张九皋曾经担任县令、别驾、采访处置使等职，曾被封为南康开国伯。几兄弟中就数张九龄的官职最高，曾经担任一人之下、万人之上的宰相、中书令。如此说来，张九龄几兄弟的成长都离不开伯父张弘雅的培养教育。

【家风传承】

张九龄的夫人谭氏，系始兴县越村（今城南）大井头人。她与张九龄的结合可以说是门当户对。谭家是当时韶州地位较为显赫的名门望族，其祖辈也是数代为官。她的父亲谭诲曾任循州司马，而其本人则贤惠端庄，勤劳朴实。

谭氏为张九龄生了两个儿子：长子张拯，次子张挺。张氏族谱记载张挺“考取榜眼，担任泉州节制军马的职务，生三子”。长子张拯在担任伊阙县令（即伊川县令）时，曾经拒绝过安禄山叛军的劝降，并抵制了高官厚禄的诱惑，他坚决忠于唐朝，留下了很好的名声。张拯后来曾经担任过“太子右赞善大夫”。他有两个儿子，长子张藏器曾经担任“黄门侍郎”之职。

张藏器有一个儿子叫张敦庆，多次升迁，官至殿中侍御史，赠工部尚书。论辈分为张九龄的曾孙。张敦庆有四个儿子：张隶实，考取状元，官至皇宫教授；张隶英，多次升迁，官至吉州刺史，子孙因而居住在吉州；张隶华，多次升迁，官至工部尚书；张隶文，多次升迁，官至浙江提督。可见，张九龄的祖辈上三代人和他的下三代人均为官员。而宋人吴曾在《能改斋漫录》卷四中谈到，自九龄至文嵩一共八代人，代代都有当官的。明代黄佐在《广东通志》中也说，张九龄的后代仅仅是当官的就有“百余人”。

【家教名言】

大埔《张公仲野宗谱》：“孝悌忠恕，笃守伦常。尊师尚学，修身勤上。宜习正业，奋发农桑。戒赌戒淫，惩恶扬善。法礼不违，伦理不乱。”大意是勉励族人遵守道德规范，勤奋学习，提高个人修养，不赌不淫，不违反法律伦理。

在张九龄的诗文集中，有不少篇目是对自己高洁品行的申明，如广受赞誉的《感遇》：“兰叶春葳蕤，桂华秋皎洁。欣欣此生意，自尔为佳节。谁知林栖者，闻风坐相悦。草木有本心，何求美人折。”只求本心不违，而不执着于“美人”的赏识，可说是极高的道德追求。在《荆州作二首》中，“古剑徒有气，幽兰只自薰”亦表达了相似的心情，而下文的“高秩向所忝，于义如浮云”，声言厚禄自己本不应得，与义相比更是不值一提，显得豪气干云。

同时，张九龄在诗文中还透露出不少于家国间的抉择。在《官僚乡园故亲》一诗中，他赞美“自家来佐国，移孝入为忠”。他不满足于“积善家方庆”，焦急于“恩深国未酬”（《与弟游家园》），因而“壮图空不息，常恐发如丝”（《初发道中寄远》）。这种尽忠的精神实在亦使人钦佩，是子孙后世极大的财富。

伦文叙

家贫好学，一门进士

【家族简史】

伦文叙出生在南海县黎涌村（今佛山市禅城区澜石黎涌村）。自先祖伦次陆始，伦家就在南海黎涌村落户。伦次陆曾出任广州司教授的职位。据传，在第六世祖伦善受害入狱后，伦氏后人开始分散各地，伦文叙的祖辈则依然留在黎涌村。伦文叙的父亲伦显务过农，做过佣工，后来以撑渡船为生，但收入仅能供一家大小温饱。由于收入微薄，伦显无力送儿子伦文叙到私塾读书。在伦文叙两三岁时，伦显便在劳动之余，用心地教他写字、读书，背唐诗、宋词。

【名人故事】

伦文叙（1467—1513），字伯畴，号迂冈。明朝南海县黎涌人。明孝宗弘治十二年（1499 年），连中会试第一、殿试第一，考取状元，后得到翰林院修撰的职位。后任经筵讲官，每进讲，往往能阐发深刻道理，启迪君心。不久，又升为右春坊右谕德兼翰林侍讲。1513 年（明武宗正德八年）春，纂修皇室族谱，记载精密，文辞丰蔚豪宕。1513 年秋，出任应天试主考官，归途中得病，卒于京，享年 47 岁。著有《迂冈集》《白沙集》。

他创作的对联在民间广有声名，这些对联不但发挥了应有的魅力，极大扩展了对联原有的艺术之美，且根植于粤语的地域特色，语言“白话化”，扎根于广府文化的生活圈子，有着浓郁的岭南文化特色。

伦文叙自幼家贫失学，父母以种菜、卖菜供养全家。他的父亲伦显，小时候也读过书，只因生活贫困，未能走科举之路，于是便把全部希望寄托在小文叙身上。伦文叙两三岁时，父亲便在劳动之余，用心地教他写字、读书，背唐诗、宋词。在父亲的教育下，他短时间内就能流利地背出数十首词，并练得一手好字，还养成了勤学好问的习惯。

伦文叙七岁时，常到村里一所私塾门外偷听，塾师得知后深受感动，决定收他为学生，且不收他的学费。因为聪慧好学，伦文叙八九岁已能诗文，长于对联，每试必列前茅，有“神童”“急才”“鬼才”之称。其后，塾师年老病逝，伦文叙因而辍学，但仍一面卖菜操持糊口，一面专心钻研经典。

传说一家粥铺的老板可怜伦文叙年幼家贫，且怜惜他的才华，于是就天天买伦文叙一担菜，并要求他亲自送到粥铺。在伦文叙把菜送到粥铺时，老板就会用卖剩的猪肉丸、猪粉肠、猪肝生滚白粥，然后再放些姜葱等佐料，免费请他吃，权当午餐。伦文叙衣锦还乡后，因感激粥铺老板的恩情，为此粥取名为“状元及第粥”，并亲笔为粥铺写下牌匾，从此，粥铺名声大振。

明代郭棐的《粤大记》评价伦文叙天性温厚淳朴，很有德行，显得十分和气，他在研学上擅长经史，手不释卷；他写文章效法韩愈、扬雄，文气悠长宛转，有丰富的趣味；并认为他的孝顺和友善都是出于天性，且不好与人攀比。

【家风传承】

伦文叙的正室夫人是区氏，顺德陈村镇潭村厚街人，生长子以谅、次子以训、三子以诜、四子以谟。伦文叙的师兄、思想家湛若水评价区夫人，说她生性柔和贞正，聪敏婉约，遵守伦理规范，从不擅离本分。父母都称赞她是贤女，应当配给君子作妻。她天生具有母仪，恭恭敬敬，不违背长辈的意思。服侍公婆，非常孝顺。恪守先人教导，对晚辈下级十分仁厚，对孩子慈爱等等。

伦文叙的侧室夫人是邝氏，生五子以谔。

他的长子伦以谅，字彦周，正德十一年（1516年）乡试第一，十五年（1520年）中进士。官至南京通政司参议。嘉靖二年（1523年）告老归养，卒年56岁。

次子伦以训，字彦式，号白山，正德十二年（1517年）会试第一、殿试第二。官至南京国子监祭酒，著文集48卷，诗集32卷，明朝彝宪200卷。伦以训年少时就鹤立鸡群，他读书过目不忘，长大一点便精通经、史、子、集。嘉靖四年（1525年），担任翰林修撰。曾两次出任会试同考官，他眼力非凡，取录的考生多为名士。他官至南京国子监祭酒，后来因为母亲思念故土，便上疏请假还乡。母亲去世后，伦以训因哀伤过度而去世，年仅43岁。

三子伦以诜，字彦群，号穗石。正德十四年（1519年），他17岁就参加乡试。嘉靖十七年（1538年）考取进士。担任礼部仪制司主事，再转为南京兵部武选司郎中。后来请求归家养母，便不再出任官职。曾到西据山从湛甘泉游历，宗师陈白沙主静之学。写文章下笔千言，立马便成。赋诗一韵百余首，宏博不凡。于万历十一年（1583年）去世，享年81岁。著文集56卷，诗集43卷。

伦文叙一家之中，父子兄弟都考取魁元，故天下称之为“一门四进士，父子魁三元”。为此，明朝皇帝御赐玉旨在黎涌村前建牌坊，上书“中原第一家”。

佛山罗村状元公园

伦文叙墓原位于南海罗村镇状元岗，1992年因为修建南海东西大道，由伦氏后人将其迁至罗村义地岗，出土有墓志铭，墓志铭现存南海博物馆。2002年伦文叙墓又迁至长安墓园。

【家教名言】

一门四进士名垂青史，千古多豪杰光照后人。

——伦氏宗祠联

天榜今朝揭九重，状元人是广之东。光摇四海飞金电，文耀长空驾彩虹。翰林检讨知星者，国史先生识马翁。从此岭南文运转，满江风雨化鱼龙。

——伦文叙《及第》

康有为

维新领袖，宽女严儿

【家族简史】

南海康家，在佛山市南海区丹灶镇银塘苏村敦仁里，是广东名族，家世显赫。自九世祖康性卿始为仕人，至康有为二十一世，凡为仕人十三世。其高祖康辉，嘉庆年间举人，曾任广西布政使；曾祖康健昌曾任福建按察使；祖父康赞修，道光年间举人，做过广州府的教育官员，是一位知名的儒家学者；叔祖康国器，因参加镇压太平天国运动有功，官至护广西巡抚，使康氏家族20人从军得官而贵盛。其父康达初，官至江西补用知县，其母劳莲枝，出生官宦大家。出生在书香门第之中的康有为，从小就博览群书，受到了良好的传统教育。

【名人故事】

康有为（1858—1927），原名祖诒，字广厦，号长素。广东南海人，人称“南海先生”。光绪年间进士，授工部主事。自1888年至1898年，7次上书光绪帝，要求变法。万木草堂讲学、“公车上书”和“百日维新”是他一生的得意之作，在近代历史上写下了浓墨重彩的一笔。他曾是光绪帝的座上客，拟奏折、议变法、黜旧党、用新人、颁新政，神州激荡，轰轰烈烈。变法失败后，逃往日本，并于次年在加拿大组织保皇会。反对民主革命。1917 年和张勋策划溥仪复辟，旋即失败，后游散国内各地。1927 年 3 月 31 日，于青岛去世。

康有为出生于 1858 年 3 月 19 日。由于在官宦世家、教育世家出生，他从小博览群书，得到很好的教育。康有为从小就“异于群儿”，从康有为的《自编年谱》中看，他 6 岁时因“鱼化龙”妙对“柳成絮”，获得祖辈“此子非池中物”的称赞。7 岁能文，被视为神童。又有志于圣贤之学，开口不离圣人，乡里戏呼之“圣人为”。8 岁时，“书经奥言”，看几遍就能背诵。12 岁时，面对“州中诸生”，已经“大有霸视之气”。14 岁时，已经“纵观说部集部杂史”，也就是说饱览“中学”。17 岁时“知万国之故”，又是博览西学。

康有为的父亲早逝。康有为还记得自己 11 岁时，父亲躺在病榻上，他给父亲递茶送水，捧仗捧匜，侍食喂药，父亲十分欣慰。在弥留之际，父亲谆谆告诫他，要“立志苦学，孝敬尊长，友爱姊弟”。康有为牢记父亲遗训，一心要成为显亲扬名的有用之才。

康赞修对孙子康有为格外疼爱，希望他能够担起“书香延世，光宗耀祖”的重任。不仅让康有为饱读诗书，而且还带他到处游历，开阔眼界。并因材施教，授之以诗文，教之以道义。后来，他跟随康赞修住在连州官舍，日夜苦读，学习程朱（即宋朝的程颢、程颐、朱熹）之学。少时的康有为常常和祖父康赞修对床而寝。有天夜晚，夜已很深，祖父叫他背诵经文，然后又讲评古代奸凶贪悭之人的恶行，并对康有为说：“如果你是这样，虽为贵人，也不是我的子孙。古代的圣贤豪杰，忠臣孝子，义举善行，你是否能学?”他立即回答“能学”。祖父听了很高兴。祖父时常这样谆谆教告，足见其对康有为关爱至深，期望至笃。在康赞修的督促和辅导下，康有为系统地学习了经史文学。康有为 19 岁时，祖父康赞修去世，康有为又到广东名儒朱次琦的礼山草堂受业。康有为在康赞修、朱次琦的影响下逐渐接受宋明理学，并鄙弃所谓汉学家的繁琐考据而企图开辟新的治学道路。这都为其后来撰述《新学伪经考》《孔子改制考》打下了良好的基础。

康广仁（1867—1898）是康有为的幼弟，名有溥，号幼博，字广仁，清末维新派，广东南海人。曾做过浙江小吏。1897 年在澳门主持《知新报》，后又在上海成立不缠足会，创办大同译书局。1898 年，在京协助康有为草拟新政奏稿及联络事宜。戊戌政变时遇难，为“戊戌六君子”之一。康广仁出生时，家境开始逐渐衰落，出生七个月时，父亲康达初就因病去世，少时受母亲劳莲枝启蒙。13 岁时，随兄长康有为读书识字。少年时康有为兄弟俩曾一起晒书。所以康有为曾写《延香老屋率幼博弟曝书》七绝：“百年旧宅剩楹书，旧史曾伤付蠹鱼。一树梅花清影下，焚香晒帙午晴初。”

康有为自小鄙弃科举，立志救国救民。康广仁也对帖括试士深恶痛绝，认为国家贫弱的原因，全在于八股锢塞人才。16 岁时，康广仁因不喜欢帖括，被父亲和兄长责怪，便自荐当小孩的老师。别人以为他在玩，便试试他，找来八九名小孩做其弟子。康广仁上课时十分庄重严肃，更自创学规，令顽皮骄横的小孩都很听话，其他人才知道他有办事能力。康有为叫康广仁检查、整理阁上的旧书，康广仁竟将数代传下的帖括一把火烧掉。康有为问他原因，他反问康有为是否这些区区的东西也不能放弃，并认为留下这些旧物，阁楼就不会清净。

受康有为的启发，康广仁对西学产生了浓厚的兴趣。他常感慨国人贫病交加，饱受疾疫之苦的根源在于医学不振，于是决定师从美国传教医生嘉约翰学习西医，一学就是三年，遂略通西方医术。

1891 年，康广仁曾在浙江做小吏，因不满官场腐败之风，不久便辞官归里。在康有为进行变法活动期间，康广仁积极参与。1897 年初，康广仁在澳门创办《知新报》，任总理，旨在“发明民政之公理”，旋赴上海，倡设女学堂，并与梁启超等设立不缠足会，遭守旧分子诋毁。

1897 年 12 月，康广仁到了北京，协助康有为策划变法，但他对变法成功却抱着怀疑态度。他深知，清廷实权不在光绪而在慈禧手中，新政是难以推行的。颇具眼光的康广仁曾劝康有为不如及早返回广东，兴办教育，培育人才，等过几年再重谈改革之事。康广仁曾写《题潘兰史独立图》一诗：“迢迢香海小阑干，独立微吟一笑欢。我亦平生有心事，好花留得与人看”，最后一句正体现他的献身精神。

【家风传承】

康有为娶了六位太太，子女众多。一生共有 12 个子女（此外还收养了康同荷），其中康同吉、康同琰等六人夭亡，真正长大成人的有二子四女。两个女儿康同薇和康同璧是其中的佼佼者，前者直接参与戊戌变法，后者在变法失败后曾代表父亲赴欧美演讲。两人都成为当时的女界名流。

康有为和三个女儿（后排左起：康同璧、康同复、康同薇）

康有为的长女康同薇，字文僴，号薇君。她是康家的新一代女性，从小就不缠足，不穿耳眼，成了不缠足运动的开路先锋。由于家庭环境的影响和父亲康有为的培养，康同薇自小对新事物感兴趣，自强之道、救国之法、变革之事，她都能说出一二，小小年纪就成了父亲的得力助手。康有为从1886年开始收集资料准备编撰《日本变政考》，但他不懂日文，很伤脑筋，于是鼓励康同薇从小学习日文，以便将来大派用场。康同薇不负父望，几年下来日语水平稳步提升。

康同薇15岁时就开始替父亲翻译日文书籍。1897年2月22日《知新报》在澳门创办，是维新派重要宣传阵地。康同薇是该报的记者，也是近代史上中国第一位女记者。康同薇在《知新报》上发表了《论中国之衰由于士气不振》《女学利弊说》等论文。她还参与了梁启超等人主办的第一所中国自办女子学堂。

1898年，维新运动仅百日即宣告失败，康有为从此开始了长达16年的海外流亡生涯。流亡期间，康同薇常陪伴在父亲身旁。1899年，康同薇与康有为的弟子麦仲华在香港成婚。康有为对这个女婿很满意，弟子加亲情，关系非常融洽。他常写信给康同薇，让她照顾好麦家。

康同璧，字文佩，号华鬘，康有为次女。历任万国妇女会副会长、山东道德会会长、中国全国妇女大会会长。1951年7月被聘任为中央文史馆馆员，是北京市人大代表，第二、三、四届全国政协委员。1969年8月17日病故。康同璧是康有为12个子女中最为杰出的一个。她从小聪明伶俐，10岁熟读经史，通英语、算学，性格倔强，胆识过人。1898年，戊戌变法失败后，年幼的康同璧则被送往香港投靠亲戚，之后又到了日本和加拿大。康同璧除了通晓北京官话和家乡的广东话外，还学习了英语、法语、意大利语和印度语。1902 年，康同璧在一家日文报纸上看到父亲逗留印度，于是决定到印度寻父。她不顾家人劝阻，不畏路途艰险，于 1902 年春女扮男装，逃出京城，沿丝绸之路奔波跋涉，终于到达印度。康有为看到女儿的寻父启事，喜出望外、老泪纵横，时年她只有 18 岁。在印度，她陪父登上灵鹫山，即唐玄奘到达的“西天”，参拜佛教胜迹，聆听佛门释经，成为我国第一个到达“西天”的女性。

1903 年，康同璧抵达美国，既为读书也为父亲的维新党争取海外支持。巴纳德学院的资料记载：“年轻的她能在众多华人与非华人聚集场所用广东话或英文从容演说。”康同璧先后就读于美国哈佛大学和哥伦比亚大学，1903 年毕业于哥伦比亚大学。辛亥革命后，康同璧曾任万国妇女会副会长、中国全国妇女大会会长、山东道德会会长，是著名的社会活动家。她同父亲一样反对缠足，并与其他女权运动者成立并领导“天足会”。

20 世纪 50 年代，康同璧的儿子定居美国，她却带着女儿留在国内。有人问：“康老为什么要留在国内?”她答：“我要在这里做些事，给先父修订年谱，整理遗书、遗稿。”康同璧晚年从事康有为遗著的整理工作，先后撰成《南海康先生年谱续编》和《万木草堂遗稿》等著作，为康有为生平和思想研究提供了重要资料。

康同凝，字道孺，广东南海人，生于香港。康有为幼子，三夫人何旃理之子。1909 年，康同凝出生在香港。康有为五十才得子，很是激动了一阵。为了让儿子能够延续康家的青箱之业，成为“大贤大智”的栋梁之材，康有为对他们的教育相当严格。其施教方针就是宽女严子，一方面表现在零用钱的发放上，女儿得五元，儿子只得两元；另一方面表现在对儿子的严厉要求上，康有为要求两个儿子从小刻苦读书，并强迫他们锻炼身体。一次，他叫幼子康同凝去游泳，康同凝不肯，被他一脚踢下楼梯，腿上划出一道血口，留下的疤痕至老都没有消失。第三任夫人何旃理去世后，他不因康同凝失去母爱而稍加放松管教，而是更加严厉，想以儿子的早日成才告慰爱妻的在天之灵。

耐人寻味的是：康有为一生反对革命，儿子却娶了一个革命党人的女儿做妻子。1928 年，康同凝与孙中山的秘书庞青城的女儿庞莲结为夫妻。庞莲与康家七小姐同环是上海宏伟女子英文专修学校的同学，与康家来往密切。康同凝与庞莲接触的机会多了，相互了解愈深，遂生爱慕之心。

1936 年，康同凝与旧友许崇清曾一同返粤，在广东教育厅从事乡村教育实验和电化教育。1937 年，抗日战争爆发，康同凝曾组织大刀队，准备与敌人肉搏。1938 年，广州沦陷，康同凝随教育厅先撤退至云浮、罗定，最后到韶关，自建茅庐，一住就是数年。当时，康同凝的同事朱瑶安和爱人黄焕秋从事抗日进步工作，受到康同凝的掩护，并将进步书籍暗中放在他家中。后来时局紧张，康同凝夫妇由北江转至东江。1944 年，康同凝看到国家危殆，报名参加去缅甸的远征军，却因患有心脏病未被录取。父亲康有为生前的至亲好友、门生弟子多居高位、任要职，但康同凝从没想过去投靠。他厌恶国民党统治腐败，不愿从政。抗战结束后，康同凝回上海在保险公司当职员。新中国成立前夕，康家的人多去了台湾或香港。唯独康同凝和康同璧不愿前往，毅然留在了大陆。新中国成立后，康同凝调到上海花纱公司做财务会计工作。1978 年，在上海病逝。

【家教名言】

康有为认为胎教的意义是正本，是“反本溯源”，“教之于未成形质之前”，其宗旨是“务令养儿体，乐儿魂，开儿知识为主”，体现了德、智、体全面教育的要求。康有为还要求孕妇读好的书，听好的音乐。这些家庭教育思想和措施虽然在当时还不能实现，但在思想上有冲破封建传统学前教育的进步意义。

戴鸿慈

清末宰相，考察列国

【家族简史】

戴鸿慈的先世祖居住在广东南海县西樵大同堡绿涌村（今佛山市南海区西樵大同乡戴家村），十二世祖迪功公时迁居佛山，祖居在佛山福贤里桑园。戴鸿慈生于书香之家，祖父戴联珠，是光禄寺署正戴联珊的胞弟，以善行著称。其父戴其芬，讳尧坤，字徽猷，号乾生，生于道光乙酉年（1825 年），终于光绪辛巳年（1881 年），担任光禄寺署正，朝廷授予他奉直大夫、奉政大夫的封号。他博古通今，精心研读经典，还遍及天文地舆、医药卜筮等知识。他的妻子冯氏生了三个儿子，戴鸿慈为第二子。家庭的氛围使戴鸿慈从小勤奋好学，不敢懈怠，才有了日后的赫赫声名。

【名人故事】

戴鸿慈（1853—1910），字光孺，号少怀，晚号毅庵，广东南海大同绿涌村人。是清末出国考察五大臣之一，中国近代史上第一位司法部长。他 15 岁为补县学生（廪生），20 岁考取同治癸酉科拔贡、联捷解元，23 岁考取进士。光绪三十一年（1905 年），戴鸿慈出使美、英、法、德和丹麦、瑞士、荷兰、比利时、意大利等国。欧美考察后，他眼界大开，领会到中国只有改革才有出路，归国后，他倡言并参与新政，做出了很大贡献。宣统二年（1910年）正月逝世，终年58岁。赏加太子少保，谥文诚。

戴鸿慈自幼聪颖，在青年时代即受到当时佛山名士梁九图的赏识。梁九图看了他的文章后，颇为赞许，并撮合鸿慈与其侄孙女的婚姻。他的侄孙女就是戴鸿慈的原配夫人梁氏。

中日战争爆发后，清军屡败。光绪二十一年正月（1895年2月），北洋海军覆没，戴鸿慈上奏，指责丁汝昌败坏海军，贻误大局，建议将丁汝昌速行拿解，以肃军令，但却未被接纳。同年四月（1895年5月），清廷签订《马关条约》，戴鸿慈表陈“善后十二策”。其中全是切中时弊的建议，不失为相当完备的变法纲领。

五大臣出洋

光绪三十一年（1905年），清廷命五大臣分赴东西洋各国考察政治，戴鸿慈是其中之一。五大臣历时八个月，游历了十二国。光绪三十二年（1906年）六月归国，并由旅日的梁启超与杨度代笔拟就《列国政要》133卷和《欧美政治要义》18章，上呈朝廷，并奏请约于15年或20年后颁布宪法，召集国会，实行立宪。在过渡期内，先制定全国官制，为立宪作预备。以上建议，均被清廷采纳，成为清末“预备立宪”的纲领。

鸿慈有兄弟姐妹五人。他的长兄鸿宪，号光彝，字仁黼，考取光绪丙子科（1876年）举人，拣选为知县，朝廷敕封他为文林郎加五品衔，得奉正大夫的封号。弟弟鸿惠，字光濬，别字蔼天，考取光绪己亥科（1899年）举人，拣选为知县，皇帝命加五品衔，敕封为文林郎，得奉正大夫的封号。兄弟三人都学有所成，得到朝廷赞誉。

据说从前戴家迁往桑园后，发现桑园里有一所房子，居室清静，但是无人居住。戴鸿慈的父亲戴其芬当时正在物色房子，他觉得很奇怪：那么好的房子为什么没有人住呢？有人告诉他，这所房子闹鬼，白天虽显得比较平常，但到晚上就能听到几个童子念书的声音，所以大家都不敢住这个房子。戴其芬说：“身正不怕影子斜，我从来不做亏心事，管他有鬼没鬼！”于是便买下了房子。搬进去以后，晚上果然听见了童子念书的声音，而且听声音能分辨出是三个小童。戴其芬处之泰然，后来长子鸿宪出生，发现读书的小童只剩下两个；而次子鸿慈出生之后，读书的小童又少了一个；三个儿子都出生后，晚上童子念书声也消失了。所以后人传说，戴家三个儿子是院子里三个“小鬼”托世出生，后来他三个儿子都考中了举人，此事一时也传为佳话。

【家风传承】

戴鸿慈的祖居在南海西樵大同戴家村，在岭南的旅游胜地西樵山附近。而他在其中出生、长大的桑园，就在如今佛山禅城区莲花广场所在位置，原址已荡然无存，旧迹已不可考。戴家村虽是一个不大的村子，如今也仅有 160 多人，但这里人杰地灵。在清代，小小的戴家村就出了六位举人、一位进士，其中又以清末宰相戴鸿慈最为杰出。

如今保留在戴家村的是后人集资建立起来的戴氏大宗祠，它建在一口水塘的旁边，正门对着清澈的水塘和一片绿油油的田野。站在宗祠门前，顿感清风拂面，豁然开朗。戴鸿慈堂兄弟的后人戴富元是当地的村民，也是这座宗祠的管理员，虽已七旬左右，但精神健旺。

而戴鸿慈的侄曾孙女戴平宜女士则是佛山一中的退休教师，退休后她收集并研究了戴鸿慈的大量资料。她说，戴鸿慈的父亲戴其芬也是书香出身，官至光禄寺署正，博学严谨，家教甚严。戴家三兄弟鸿宪、鸿慈、鸿惠都考取了举人。戴鸿慈是次子，也是当中最聪明、俊秀的一个，考取举人后又高中进士，其后仕途一路顺畅。戴鸿慈接受的是正统儒家思想教育，深受熏陶，观其一生，为人做事都与父亲最初的严格庭训有关。

戴鸿慈为国献出了自己毕生的精力，而其子孙后代中却以从教者居多，五代后人中有 22 人当上了教师，其中有 7 位校长、4 位教导主任。戴家最早当教师的是戴鸿慈的弟弟戴鸿惠，清末民初时，他出任南海劝学所所长，后任南海第一师范讲习所所长。戴鸿惠的儿子戴翼丰更是一位名震南海教坛的杰出教师。戴翼丰的孙女戴平宜，是这个教育世家里走出来的又一位教师。

【家教名言】

戴鸿慈的《出使九国日记》中，记录了他在参观国外的学校时发出的对教育的所思所感，“往观女学堂。堂中有教员四十名，女生四百名”，“庭宇显敞，而建筑朴实，易于举办，可以为法。观其幼稚，功余耍玩，殊有快乐之致。足见教育之道，不可以拘迫为也”，又“语及女学，（皇）后意甚以体操为主。并谓幼年之学，主于活泼，务令于身体有益，又不厌倦为主义。其言甚善，诚教育上体验有得之言也”。在女学堂中所见使他明白教育可以用轻松的方式达到，而与皇后的谈话则启发了他当以既活泼又不令人厌倦的方式进行教育。

“观贵胄学堂：其建筑、供给虽一切恢丽而周密，至于规律之严整，学生之勤苦，则与贫家之子弟毫无以异，此最宜着意者也。假不其然，而一切以因循放纵出之，是则无用学堂为矣。”在贵胄学堂中，他明白了学习无论贵贱，总应勤苦，放纵则学亦无用。

【忠义启后昆】

英烈

邓世昌

水师良将，黄海殉国

【家族简史】

邓世昌生于富裕人家。父亲邓焕庄，专营茶叶生意，曾于广州及津、沪、汉、香港、秦皇岛等地开设祥发源茶庄，并始建邓氏家祠。邓焕庄与妻子郭氏因为饱受世道黑暗和战乱之苦，殷切盼望邓氏家业昌盛，于是便给他们的独生子起名为邓永昌。然而要想家业兴旺，离不开时势和国运的大环境，知情达理的邓焕庄便将其子的名字改为邓世昌。

【名人故事】

邓世昌（1849—1894），原名永昌，字正卿，广东广府人，祖籍广东番禺县龙导尾乡（今广州市海珠区），清末北洋水师将领，民族英雄。邓世昌是中国最早的一批海军军官之一，是清朝北洋舰队中“致远”号的舰长。他有强烈的爱国心，常对士兵们说：“人谁无死？但愿死得其所！”1894 年中日甲午战争中，他担任“致远”号巡洋舰管带（相当于统辖长官）。1894 年 9 月 17 日，在黄海海战中壮烈牺牲，谥壮节公，追封太子少保衔。光绪帝为他写下挽联：“此日漫挥天下泪，有公足壮海军威。”

邓世昌的少年时代，正值国家内忧外患、灾难深重的年代。广州作为华南门户，最早遭受外国侵略者入侵，也最先感受到西方坚船利炮的冲击。耳闻目睹时局动荡，邓世昌从小就“性沉毅，有大志”。他资质聪颖，勤奋好学，在家乡以优异成绩完成小学学业。邓焕庄觉得，无论儿子将来是继承自己的事业，还是从事别的行业，都必须学习洋文，进而学习外国先进科学知识。对于当时把英语当作“蛮夷之语”的人们来说，这种观念是惊世骇俗的。他偕邓世昌到了上海之后，先让他进教会学校，师从欧人学习英语、算术。邓世昌接受新知识的能力很强，学业上进步极快，在很短时间内，就能与洋师对话，并能阅读英美原版书籍。洋师对他赞赏有加，十分喜欢这个聪明伶俐的学生。

邓世昌与琅威理等人合影（图中二排左三为邓世昌）

清朝同治六年（1867 年），沈葆桢出任福州马尾船政大臣，同时开办前学堂制造班和后学堂驾驶管轮班。学堂开始招生，生源主要为福建本地资质聪颖、粗通文字的 16 岁以下学生，后来由于生源不足，招生一直扩展到广东、香港一带，并将年龄要求放宽到 20 岁以上。邓世昌得知此消息后立即禀告父亲，要求报考。开明的父亲毫不犹豫地答应了他的请求。邓世昌回到广州，参加考试，取得了优秀的成绩，顺利考取驾驶专业。驾驶专业学生除学习英语、数学外，还学习航海天文学、航行理论和地理，经五年学习后毕业。

邓世昌在船政学堂攻读五年，自始至终都勤奋学习，自强不息，各门功课考核皆列优等。风涛、沙线、天文、地理、测量、电算、行阵各种技术以及中外交涉例文，他无不研究精通，尤其是在随“建威”练船到南洋的实习中，他表现出极高的实际驾驶、管理舰船的素质和技能，深得外教的好评。加之其年龄在同学中偏大，比较稳重和老练，因此沈葆桢很看重他，称赞他是船政学堂中“最伶俐的青年”之一。

光绪十四年（1888 年），邓世昌回广州家乡探亲，却未能见到他的父亲，因为老人家已在几年前去世了。当时，他接到丧报，却因军务在身，不能回家奔丧。这次回到家中，他哭昏在灵前，醒过来后，挥泪写下祭文。未能见父亲最后一面是他的“终身大戚”。

清朝光绪二十年（1894 年）9 月 17 日，在黄海大东沟海战中，邓世昌指挥“致远”舰奋勇作战。但在日舰围攻下，“致远”舰多处受损，全舰燃起大火，船身倾斜。邓世昌鼓励全舰官兵道：“我们从军保卫国家，早就置生死于度外，今日之事，有死而已！”“日寇的战舰只倚仗‘吉野’，如果打沉这一舰船，足以夺其声威，成就大事。”于是他毅然驾舰，全速撞向日本主力舰“吉野”号右舷，决意与敌人同归于尽。日寇战舰上的官兵见状大惊失色，集中炮火向“致远”号射击。不幸一发炮弹击中“致远”舰的鱼雷发射管，管内鱼雷发生爆炸，“致远”舰沉没。邓世昌坠落海中后，其随从以救生圈相救，被他拒绝，并说：“我立志杀敌报国，现在死在海中，是正义的作为，求什么生！”他所养的爱犬太阳亦游至他身边，用口衔住他的手臂，想救他，但邓世昌誓与军舰共存亡，毅然按犬首入水，自己亦沉没于波涛之中，与全舰官兵 250 余人一同壮烈殉国。

【家风传承】

邓世昌的妻子名叫薛瑞春，出生在一个官宦世家，她的祖父早年曾是翰林院的翰林，父亲也是吏部的官员。她不拘于当时的封建束缚，通琴棋书画，亦热衷厨艺。邓世昌就曾对她的厨艺赞不绝口。薛瑞春嫁给邓世昌后，他们夫妻相敬如宾。她眼中的邓世昌，是一个豁达、刚毅而又率真，从不以上欺下的人。她曾回忆过一段往事：当时的邓世昌是“致远”号的舰长，薪水也不低，但是每次交到自己手中的却所剩无几，原来都是用在了他手下的士兵身上。但薛瑞春始终感谢上苍让她成为邓世昌的妻子，她认为邓世昌是自己的好丈夫、好老师。

邓世昌育有三儿五女，因为清朝政府的官职依然是世袭罔替，他的长子邓浩洪理所当然地接替了父亲的职务，任职于广东水师，直到 1947 年在广州去世。次子邓浩洋英年早逝。三子邓浩乾曾任职于民国海军部，逝世于 1969 年的春天。邓世昌还有一个养女叫邓孝思。长女叫邓秀媛，次女儿邓秀蝉嫁给邓世昌的同僚、南阳海军“超武”舰舰长叶富的儿子叶说周。三女儿邓秀娟，四女儿邓秀婷，五女儿邓秀海。1937 年全面抗战爆发后，生活在广州的七位邓世昌后人中有六位投笔从戎，他们中五位都毕业于黄埔军校。

在日寇侵华、广州沦陷之时，不少祠堂都被日寇用来驻兵，唯独河南邓氏宗祠没有一个日寇敢进内捣乱，甚至还有一些日寇军官偷偷进来拜祭邓公。原来，黄海大战后，日本军队中颇多人都认为邓世昌是杰出的民族英雄，所以他们十分敬畏他，不敢进祠堂。受先祖邓世昌的影响，邓家同样为救国而参军的后人不在少数。广东革命历史博物馆原馆长黎显衡研究邓世昌发现，他的后人中有五个子孙加入黄埔军校，这在广东历史上众家族中很是少有。

【家教名言】

人谁无死，但愿死得其所。

——邓世昌

大小行事执快心，东平云为善最乐；古今义礼归何处，朱子曰读书更高。

——邓氏宗祠南阳堂对联

廖仲恺

鞠躬尽瘁，革命志士

【家族简史】

廖氏远祖廖子璋是西晋时期凭借武功受封的镇国大将军，奉命镇守南京。后来，这个家族不断因仕途而举家迁移。据梅县廖氏族谱载，廖氏家族廖景昌（廖仲恺的祖父）及堂叔祖父廖承昌等皆迁到惠州。廖家是一个大家族。廖仲恺的祖父廖景昌育有廖竹宾和廖维杰两子，廖竹宾育有三子一女，当时在清招商局任总办的廖维杰更是有一妻七妾，共有七子二十女，子嗣众多。廖家素有革命传统。廖仲恺的父亲廖竹宾是反清革命志士，除了廖仲恺及子女，廖家还有不少子孙是为国民党或者共产党工作的。

【名人故事】

廖仲恺（1877—1925），原名恩煦，又名夷白，字仲恺。广东省归善县陈江镇鸭仔埗乡窑前村（今惠州仲恺高新区陈江街道幸福村）人，祖居在广东梅县程江镇。他是中国国民党左派领袖、中国近代著名的民主革命活动家、伟大的爱国主义者、中国民主主义革命的先驱。他是国民党左派的光辉旗帜，中国共产党的挚友。他擅长诗词、书法，著作编为《廖仲恺集》、《双清文集》上卷。

与许多在中国土生土长的人不同，廖仲恺实际上是华侨，1877 年在美国旧金山出生。那个时候的美国，是一个比中国安定不少的国家，没有外来侵略者，也没有被其他国家殖民。许多中国人前往这个国家，也有许多中国人选择从这个和平的国家回到时局混乱的祖国。廖仲恺就是选择回国的那批人。1893 年，父亲廖竹宾在旧金山病故后，廖仲恺随母亲回到中国广州，投奔时任清政府招商局总办的叔父廖维杰，中日甲午战争后倾心西学。

1897 年，在叔父的安排下，他与香港地产商何戴的九女儿、同为国民党左派的何香凝在广州结婚。

1903 年 9 月，廖仲恺与何香凝在日本东京结识了孙中山，被他伟大的气魄、坚定的革命信念深深打动，向孙中山表示“想参加革命工作，愿效微力”。廖仲恺、何香凝二人遵照孙中山的指示，在日本“物识有志学生，结为团体，以任国事”。此后，夫妇二人便开始积极地投入到民主革命活动中来。廖仲恺利用职务之便，积极在吉林发展革命党人，宣传革命思想。后来武昌起义爆发之后，他又前往广东的军政府，废寝忘食地整理财政，为革命积蓄力量。

1905 年，廖仲恺、何香凝夫妇协助孙中山建立了中国同盟会，并先后入会。廖仲恺担任同盟会总部的副会计长和外务部干事、外务部副部长；而作为同盟会的首位女会员，何香凝担负了革命党人的联络和勤务工作。夫妇二人在东京的家，也成为孙中山等革命党人的联络站和聚会场所。

但廖仲恺所做的这一切无疑成了国民党右派、封建军阀和帝国主义的阻力。因此，中外反动势力都视廖仲恺为眼中钉，欲置之于死地。在 1925 年 8 月 18 日国民政府的一次会议上，坐在廖仲恺身旁的汪精卫给他写了一张条子，告诉他有人将对他不利，他当即表示：“为党为国牺牲，是革命家的夙愿，顾忌什么！”1925 年 8 月 19 日，又有人以确切消息报告他同样的情况，廖仲恺慨然道：“在这党国多难之秋，个人生死早就置之度外，我终日不能忘怀的，是罢工运动和统一广东运动两个问题还未解决!”这一天，他又为给黄埔军校等筹集经费工作到深夜，很晚才回到家中。

1925 年 8 月 20 日上午，廖仲恺偕夫人何香凝乘车前往党部开会，半路上遇见陈秋霖，随即同车前往，没想到竟然在戒备森严的国民党中央党部（惠州会馆，广州市越秀南路 89 号中华全国总工会旧址，立有纪念碑）门前惨遭杀害。

【家风传承】

廖仲恺与家人

廖仲恺的妻子何香凝，原名谏，又名瑞谏。广东南海人，1879 年生于香港一个茶叶商家庭。父亲何炳桓出身农家，后来在香港经营茶叶和地产致富，因此，何香凝家的经济条件较好。家里希望女儿成为一个贤淑的女子，并能融入“上流社会”，便在何香凝 7 岁的时候给她缠小脚。然而，她早就听说过女兵的故事，羡慕她们的“天足”和英勇善战，并逐渐养成了不屈的性格和反抗的精神。因此，当母亲强行给她缠足时，她就每天晚上用剪刀将裹脚布剪掉。后来，剪刀被母亲搜走了，她就用平时积攒下的钱再买剪刀，并藏了起来，到了晚上又将裹脚布剪掉。如此这般，几十个回合下来，何炳桓夫妇拿这个倔强的女儿没有办法，只好放弃。于是，何香凝便拥有了一双“大脚”。

何炳桓家有 3 个儿子、8 个女儿，还有一些亲戚家的孩子也寄住在他家。为了让男孩子受到良好的教育，何炳桓请来了私塾先生在家里设馆教书。但是，何炳桓认为“女子无才便是德”，甚至相信把女孩子送进私塾就会夺走男孩子的聪明，所以尽管何香凝哭着吵着要去上学，他也不允许。何香凝听到兄弟们的读书声，心里直痒痒，就买了书本自学，遇到不懂的字就请教哥哥，或叫女仆拿到先生那里去问，她的学问就是从自学开始的。

拥有一双天足的何香凝在当时，即使在香港，仍处于人见人怪的窘境中。尤其是到了谈婚论嫁的年龄，何家人无不为此犯愁。巧合的是，在香港皇仁书院学习的归侨子弟廖仲恺正“敲锣打鼓似的宣扬要讨一个没有裹过小脚的人做媳妇”。何香凝的父亲马上托媒人说合，两人于1897年成婚。这段被誉为“天足缘”的婚姻，为何香凝寻到了佳偶良师。婚后，他们寄居在廖仲恺哥哥廖恩焘家中的阁楼上，何香凝随廖仲恺读书、吟诗、作画，其乐融融。何香凝曾有诗云：“愿年年此夜，人月双清。”故将其居所命名为“双清楼”，何香凝后来号“双清楼主”“双清馆主”，终其一生都在追述着这段难以忘怀的美好时光。

革命工作期间，女儿廖梦醒和儿子廖承志的相继诞生，给夫妇二人紧张的生活带来了温馨的家庭乐趣。而这期间廖仲恺多次奉孙中山之命，潜回天津等地进行秘密活动，从事联络革命志士、宣传革命道理、筹设革命机关等工作，根本无暇照顾家中妻儿。何香凝在参与革命活动的同时，独挑家庭重担。

廖仲恺后来的遇刺让何香凝遭受了极大的打击，但她再次迎难而上，走向革命事业的前台。1931年“九一八”事变爆发，远在巴黎的何香凝闻讯束身回国，在上海组织“救济国难书画展览会”，发动画家义卖书画支援抗战，轰动海内外。1935年，何香凝为国事忧心如焚，给蒋介石寄去一个邮包，里面装有一条裙子和给蒋介石的一首诗，诗云：“枉自称男儿，甘受敌人气。不战送山河，万世同羞耻。吾侪妇女们，愿往沙场死。将我巾帼裳，换你征衣去。”

1972年9月1日何香凝病逝，终年94岁，与廖仲恺合葬于紫金山下。这对革命夫妇生死不离。

他们的长女廖梦醒（1904—1988），早年追随孙中山投身反帝反封建运动。1924年加入国民党，1931年加入中国共产党。抗战时参加中国妇女抗敌后援会及保卫中国同盟，任宋庆龄秘书，负责宋庆龄与中共方面周恩来的联络工作。1949年后，历任全国人大代表、全国政协委员、全国妇联执委等要职，为中国妇女解放事业做出了贡献。

儿子廖承志，1908 年 9 月 25 日生于日本东京大久保。出生时，父母亲皆希望其长大后继承革命先辈的志向，为中国的独立自由而奋斗，因而给他起名“承志”。青少年时代，跟随父母为革命奔走广州、上海和日本。他学识渊博，通晓五国语言，擅长诗词、书画、戏剧，才华横溢。1983 年 6 月 6 日，在六届全国人大一次会议上，被提名为国家副主席候选人。正当党和人民委以重任时，不幸于 1983 年 6 月 10 日因病在北京逝世。

【家教名言】

人生最重是精神，精神日新德日新。

国仇未报心难死，忍作寻常泣别声。

——廖仲恺

叶 挺

坚贞不屈，开国功臣

【家族简史】

据传，宋代词人叶梦得弟弟叶梦蕃，出身进士，担任山西学政，升迁为广东南雄太守，后裔也遍及粤、桂、湘等省份。叶梦得的伯父叶勤生有庄、豪、蒙三子。叶庄又名梦安，曾任开封丞，他的曾孙叶大经，宋末担任驻闽制置使，元初流寓广东梅州，成为广东叶姓开基祖之一，其后裔繁衍迁徙至广东、台湾、四川、湖南、广西、贵州及港澳海外，号称“百万”，叶挺是他的三十二世孙。叶挺的祖籍在广东惠阳，现今的叶挺故居是他祖父所建，是一座客家围屋。

【名人故事】

叶挺（1896—1946），原名为询，字希夷，号西平，广东惠阳县人，是中国人民解放军创始人之一，也是新四军重要领导者之一，著名的军事家。他所在的国民革命军第四军在北伐中被誉为“铁军”。他曾参与指挥南昌起义并出任前敌总指挥，参加广州起义时任起义军工农红军总指挥，抗日战争中又出任新四军军长。皖南事变中，他被国民党扣押，拒绝了蒋介石的威逼利诱，写出了著名的《囚歌》以明志。抗战胜利后，他获救出狱，被中国共产党重新接纳为党员。1946 年 4 月 8 日，与夫人李秀文以及秦邦宪、邓发、王若飞等同志在返回延安途中，不幸遇空难身亡。1988 年，被中央军委确定为 36 位开国军事家之一。1989 年 11 月，经中央军委确定，被冠以“中国人民解放军军事家”的称号。

叶挺于 1896 年 9 月 10 日（清光绪二十二年八月初四）生于广东省惠阳地区周田村一个农民家庭。7 岁入本村小学读书，毕业于广东陆军小学堂，1911 年在惠州府立蚕业学校入学。因剪掉辫子反对清朝统治、支持广州黄花岗起义而被捕，获释后转入惠州府立中学。同年 10 月，他在武昌起义的鼓舞下，立志走军事救国的道路。

1918 年，叶挺毕业于保定陆军军官学校。在校期间刻苦攻读军事课程，积极参加反对袁世凯复辟称帝的斗争，并广泛研读进步书刊，探讨哲学和社会政治学。曾给《新青年》杂志写信，提出“道德根本之基”在于“觉悟”，并表述其“振污世，起衰溺”的革命理想。

1927 年 12 月，叶挺作为总指挥发动广州起义，却以失败告终。共产国际东方部的领导人听信王明的谗言，对叶挺产生了偏见。叶挺一气之下出走西欧，与党失去了联系。

叶挺先后在德国和法国度过了 5 年时间。当时他卖过水果蔬菜，还在柏林开过小吃店，卖油条、烧饼。后来，他对蒋介石的倒行逆施十分气愤，但远居海外，消息闭塞，就回到夫人娘家所在的澳门。他的长子叶正大回忆说：“只有在澳门我们全家聚得最齐。母亲当时已经生了 7 个孩子，一家人常去野餐、游泳、拍照。父亲那时就是一个摄影发烧友了。他从香港买来暗房器材，自己在家里冲洗胶卷。那时我们全家拍了很多照片，现在看来，还照得很有艺术性。”叶正大还隐约记得，一次父亲勃然大怒，批评他的侄子叶钦在国民党里混饭吃的做法，认为就是回家种地，也比去国民党那里干净。

1941 年 1 月，国民党顽固派制造震惊中外的皖南事变，在遭国民党军重兵包围的严重情况下，叶挺指挥部队奋起突围，浴血奋战了八个昼夜之久，在奉派与国民党军交涉时被扣押，入狱五年。叶挺将军严词拒绝了蒋介石的威逼利诱，婉拒了好友陈诚劝其前往缅甸御敌的请求，先后被囚于江西上饶、湖北恩施、广西桂林等地，最后移禁于重庆中美特种技术合作所集中营。

叶挺在集中营中受尽折磨和迫害。身居囚室，不能驰骋抗日战场，不能带领战士们冲锋陷阵，却被逼写什么声明和宣言。他一时热血沸腾，拿起笔在囚室的墙壁上写下了著名的《囚歌》：

为人进出的门紧锁着
为狗爬走的洞敞开着，
一个声音高叫着：
爬出来呵，给你自由！
我渴望着自由，
但也深知道——
人的躯体哪能由狗的洞子爬出！
我只能期待着，
那一天——
地下的烈火冲腾，
把这活棺材和我一齐烧掉，
我应该在烈火和热血中得到永生。

郭沫若曾说："他的诗是用生命和热血写成的，他的诗就是他自己。"该文当年发表在《唯民周刊》4 月 6 日的创刊号上，不胫而走，被广为传诵并流传至今。

被俘入狱后，叶挺就开始蓄发，发誓不获自由，绝不理发、修面。他在狱中，常有国民党要人来劝降，每到这时，特务头子戴笠都要派沈醉劝说叶挺剪掉长发。有一次，国民党第六战区司令长官陈诚要去见叶挺，沈醉便又去劝说叶挺剪发。这次沈醉改换了方式，以拉家常的形式说，重庆这些日子太闷热，许多人因为头发长，长了虱子，劝叶挺赶快剪掉长发，以免遭虱咬之苦。叶挺早已识破其用意，愤怒地说："不获无条件释放，绝不剪去头发。"

抗战胜利后，在全国人民的压力下，蒋介石被迫释放叶挺。当叶挺走出监狱时，头发已长得披到了肩上，胡须也长到了胸前。叶挺对沈醉说：“过去你几次劝我把长发剪掉，我都没有答应，现在我要自己把它剪下来，还要好好保存起来，用以教育后人。”

1946 年 4 月 8 日，他乘飞机由重庆回延安，飞机在山西兴县黑茶山附近失事，遇难身亡，同机遇难的还有王若飞、博古（秦邦宪）、邓发等中共重要领导人以及叶挺的妻子李秀文、五女儿叶扬眉和尚未取名的幼子阿九。死讯传出后，毛泽东在《解放日报》上发表悼词说：“为人民而死，虽死犹荣。”

【家风传承】

叶挺夫人李秀文（1907—1946）出生于澳门一个士绅的富裕家庭，祖籍广东省东莞长安镇。1925 年，执信女子中学毕业后，18 岁的李秀文与叶挺结婚。与叶挺共生育 9 个子女。

叶挺与家人

长子叶正大，1927 年出生，中将，原国防科工委科技委副主任，总装备部科技委顾问，俄罗斯齐奥可夫斯基宇航学院国际院士，西北工业大学兼职教授。次子叶正明（1931—2003），生前曾任中国人民解放军总装备部科技顾问，中国对外应用技术交流促进会主任。四子叶华明，1935 年生，新中国第一批地空导弹研制专家，深圳先科激光公司董事长，曾任深圳市政协副主席。七子叶正光，1939 年生，中国节能环保集团六合天融（北京）环保科技有限公司的创办人，并担任副董事长，现任海南六合公司总经理。八子叶启光，1942 年生，叶氏环星集团董事长。

五女叶扬眉，1936 年出生，和出生后尚未来得及起名字的幼子阿九于 1946 年一同遇难。扬眉是叶挺最喜欢的孩子。叶正明说：“父亲和母亲都喜欢有个女孩子，但连生几胎都是男孩，直到生第五个，才有了个女儿，姨妈说总算扬眉吐气了，五妹就叫了‘扬眉’。我们家老六也是女儿，她生下来眉毛直直的，就取名‘剑眉’。父亲特别喜欢扬眉，让她跟在身边，这或许能使父亲在被禁锢的沉郁中，得到几分慰藉。”

叶正明自1943年后，曾和处于软禁状态的父亲叶挺一起生活了两年多，当时他13岁，跟着他的还有四弟华明、五妹扬眉。叶正明在《我的爸爸叶挺将军》一文中，记述了父亲软禁多年后家人首次团聚的情景：“已经有四年多没有见到父亲了，见面时，一切都变了，他胖胖的脸显得消瘦了，乌黑的头发，已浮上了一丝丝的斑白。这些究竟是谁给予我可爱的父亲的呢？我们懂得了憎恨。”

刚到桂林时，叶挺夫妇和岳母、连襟及孩子一大家子十六口人，都住在由李济深安排的一家小旅馆里。当时外间传说叶挺获得了自由，这是因为蒋介石给了他一个“第四战区高参”的空衔，实际上是以此作为继续软禁叶挺的挡箭牌。

“我们始终享受着‘照顾’，”叶正明说，“旅馆隔壁就住着特务，前面马路上的一个小铺子里也有特务，父亲出门上街，那不必说，特务肯定会跟着。就连我这个十三四岁的小孩子，上学时也被特务跟着，一直‘护送’到学校门口才作罢。”

叶正明是叶挺生命最后阶段，生活在他身边年纪最大的孩子。回忆起陪伴父亲度过他人生最后岁月的日子，叶正明思绪奔流，无法遏止。他说和父亲一起到了恩施，他们先是在招待所里住了一个多月，每天晚上房间门外都有宪兵看守着。一个月后，他们搬到城外的朱家河，即去桂林前叶挺被禁锢的原住所。

叶正明是第一次来到这里，他对新家做了这样的描述：“我们的家在城外的一个小山脚下，隔壁是一些淳朴的农民和一些小公务员，家里有两个勤务兵（其实都是以勤务兵的牌子做幌子的特务）。我们养了一二十只白兔（后来增加到五十多只）和十来只鸡鸭。屋前十来丈有一条不深的小河，后头有一个荒山。为了贴补生活费用，爸爸和我们三个孩子，开辟了一两亩荒地来种菜。早晨，我们起床后就到野外走走，或者进城（父亲进城时有特务暗中跟着）去买菜，中午，有时我们自己煮饭，因为‘勤务兵’偷懒去玩了，或去报告了。午后，我们带一点儿零食，到离我们家二三里路远的南门河去玩。晚上吃完了晚饭，父亲会给我们讲很多他在军中的生活故事和在解放区的事情。从他那里，我们知道了八路军、新四军，知道了他们为什么能以低劣的武器战胜敌人的精锐部队；知道解放区为什么一天天扩大，而国民党的领地却一天天缩小；知道了八路军、新四军的战士是自愿加入的，而国民党的士兵是拿着枪去抓来的。”叶正明印象最深的是父亲给他们讲过，在鏖战激烈险恶的时候，他自己拿着手枪往前冲，并亲自参加督战，谁临阵退却就枪毙谁，他自己真的亲手枪毙过人。

对于四子叶华明来说，父母及弟妹扬眉和阿九因飞机失事而遇难的往事在他脑海里留下的印象太深刻了。那时的他认为，正是由于父亲他们乘坐的美国军用飞机的质量不高，导致了这次空难。从此小华明下定决心，长大后一定要当一名飞机设计师，为自己的祖国制造出高质量的性能可靠的飞机来。只是他没有料到，日后的他留学苏联莫斯科时，所学的专业是专门研究制造打飞机的地对空导弹。

【家教名言】

为人进出的门紧锁着，为狗爬走的洞敞开着，一个声音高叫着：爬出来呵，给你自由！我渴望着自由，但也深知道——人的躯体哪能由狗的洞子爬出！我只能期待着，那一天——地下的烈火冲腾，把这活棺材和我一齐烧掉，我应该在烈火和热血中得到永生。

——叶挺《囚歌》

杨匏安

勤勉译著，清寒无私

【家族简史】

杨匏安生于破落的茶商家庭。父亲富祥，以贩卖茶叶、瓷器为生；母亲陈智，出身于华侨官商家庭，知书识礼，精于针黹，秉性刚强，受过旧式教育，爱好诗词书法，左右手都能写出一手好字。匏安从小就在他母亲膝上跟着她诵读诗词古文，后来他自称“幼时颇有诗癖”。这大半是出自他母亲的熏陶。陈智生下9个孩子，只养活了杨匏安一人。陈智中年丧夫，把全部精力都放在抚育唯一幸存的儿子杨匏安的身上。孤儿寡妇，靠着陈智的手艺维持生活，虽然家境贫寒，却不愿受娘家嗟来之食。后来杨匏安参加革命工作，母亲认定这是正义的事业，倾力支持。在广州、上海，她都利用自己年老不太引人注意的条件，接待和掩护过大批革命同志，被称为“革命母亲”。她深知革命的艰险，1931年，杨匏安被捕时，焦虑不安的她已感到儿子生还无望。当接到儿子从狱中传出的纸条上写着“缝纫机再穷不可卖去”“不可接受他人钱物”等至嘱时，终于流下泪来。

坚强的她，在儿子遇难后回到广州，后来把孙子们一个个都送到革命队伍中去。1941 年病逝于香港。

【名人故事】

杨匏安（1896—1931），广东香山县南屏镇北山村（今属珠海市）人。原名锦焘，笔名匏安。中共党员。中共中央委员。太阳社发起人。早年留学日本。五四运动期间发表了大量宣传马克思主义的文章。1921 年加入中国共产党。1923 年起历任国民党中央中国党团书记、国民党中央组织部代部长、中央执行委员会常委等职。参与领导省港大罢工，任罢工委员会顾问。1927 年当选为中共第五届中央监察委员。1929 年在上海中共中央机关工作，参加编辑党刊、党报，并任农民部副部长。1931 年 7 月被捕，8 月被害于龙华。享年 36 岁。

杨匏安童年时代在本乡恭都学堂上学。他最敬佩历史上的英雄岳飞、文天祥一类人物。文天祥“人生自古谁无死，留取丹心照汗青”的千古绝唱，杨匏安常吟诵不已。他的学习成绩优异，在诗文写作中显露才华，时常受到师友亲朋的夸奖。后来他在《诗选自序》中说，少年时“谬以诗文词见称朋旧”。可见他少年时代，在学校邻里间已颇有文名了。小学毕业后，家里卖了田地，托亲戚带他到广州，考进两广高等学堂预科。两广高等学堂的前身，是清末洋务派首领两广总督张之洞创办的广雅书院，是华南最有名的学府，辛亥革命后改名省立一中（即今广雅中学）；改名前后，著名国学家吴道镕、诗人黄节都担任过校长，设有数、理、化、日文等课程。杨匏安在良师指引下，不但为文史之学打下了深广的基础，还广泛接触了张之洞洋务派，康、梁改良派和他的香山同乡孙中山民主革命派、刘师复无政府主义派等各种社会思潮。

1911 年辛亥革命爆发，新兵起义，香山光复。但革命果实很快就被袁世凯所篡夺。孙中山发动“二次革命”，旋告失败。袁世凯的走狗龙济光占据了广东，他的土匪队伍“济军”进驻香山，开赌贩烟，奸淫掳掠，无恶不作。辛亥革命时逃往港澳的反动豪绅，又纷纷跑回来，封建复辟的恐怖，一时弥漫香山城乡。杨匏安目击一幕幕政治风云的激变，想到数千年文明的祖国，水秀山媚的家乡，依旧是豺狼当道，虎豹横行，“霸气已沉文物改，云流垂尽管弦凄”，他不禁徘徊怅惘，思绪万千，祖国的出路何在？年轻一代的出路何在？该如何洗刷数十年来外国侵略者强加在这古老民族头上的耻辱和灾难？他思如潮涌，却找不到明确的答案。

在省立一中毕业后，杨匏安回到家乡恭都小学任教。由于和同事揭发校长贪污，遭到诬害，被扣上“图谋不轨”的罪名，关进监狱。出狱后，他更看清了社会的黑暗。就在这一年，他怀着对未来光明的向往，与堂叔杨章甫等随同华侨商人乘舟东渡，到了日本横滨。原想靠一个同行的亲戚介绍职业，不料那个洋行买办听说他们是坐牢出来的，竟拒之门外。杨匏安只好寄居在横滨市一间小阁楼上，靠找些零活度日。日子久了，带去的书也变卖完了，还是找不到固定的工作。他们又自编油印刊物《如此》上街兜售，叙述了自己由于揭露贪污被诬害入狱的经过，向华侨控诉家乡军阀豪绅统治的罪恶。杨匏安还常常交不起房租，他曾用“避债怕闻梯得得”的诗句来描述自己的艰难处境；但他并没有向困难低头，饿着肚子也坚持自学。他的日文在国内已有基础，到日本后，由于刻苦用功，很快就能从事翻译了。他经常跑书店，钻图书馆，如饥似渴地研读有关西方各种流派新学说的日文书，为他日后回国发表大量的译著奠下了根基。

杨匏安的隔邻是个女私塾，主人潘雪箴，是康有为的堂弟妇，也是一位热爱祖国、富有民族气节的华侨老教师。她对杨匏安等人的遭遇深表同情，多次介绍学生买他们自编的刊物。杨匏安也常到康家谈论诗词文学和各种社会学说，彼此还常吟诗唱和。1916 年秋天，潘雪箴老师生病，请杨匏安代课。一周后，这位爱国华侨老教师就遗下一子一女溘然长逝了。据潘老师的女儿康景昭后来回忆说：“杨匏安初到横滨时，常和国内无政府主义者通信，自学了日文的马克思主义译著之后，思想就渐渐变了。”

1916 年的冬天，杨匏安从日本回乡，与邻村姑娘吴佩琪结婚，婚后到澳门任教。1918 年初，他们举家迁至广州，杨匏安在私立时敏中学任教，兼任《广东中华新报》记者，与杨章甫寄居司后街杨家祠。这时杨匏安已有个孩子，连同独身的姑母、父母双亡的堂弟，一家七口，生活艰难。但杨匏安淡泊自甘，安贫乐道。警察局的同乡官僚请他当秘书，对这样的“肥缺”，许多人不胜垂涎，杨匏安却视同敝屣，宁可清寒度日，不肯同流合污。

这年，潘雪箴老师的女儿康景昭也由横滨回到广州，任道根女校校长。她邀请杨匏安到道根讲授诗词。杨匏安教学生写作，“义取敦本务实，辞唯绝俗清高”，认为：诗和文章，第一重要的是无俗气。想要诗和文章无俗气，一定要先使作者本人无俗气，想要作者本人无俗气，那么所有流俗所趋的事，一定要去掉不做。他把这些观点写成《诗选自序》，连同讲义发给学生。

1929年，杨匏安回到上海，留在党中央机关，参与党的报刊出版工作。他的一家，也由党安排分散住在党的印刷所或交通机关，掩护党的活动。他于公余时间，积极从事编译工作。他参考同志们从苏联带回来的东方劳动大学和中山大学的讲义，编译成20余万字的《西洋史要》，署名王纯一，交由上海南强书店出版。这是我国最早用马克思主义的唯物史观写成的一部西洋史著作。它不仅系统地叙述了西欧各国的资产阶级革命，还对巴黎公社、第一国际、第二国际等做了专章的叙述。这是当时国内学习西洋史和国际共产主义运动史极为难得的读物，受到读者的热烈欢迎。杨匏安牺牲后，至1936年，这本书还再版了五次。

1930年间，由于党的印刷机关遭敌人破坏，杨匏安不幸被捕，在上海提篮桥监狱关了8个月。因没有暴露身份，经党营救获释。出狱后继续留在党中央工作。有人说起："我们做这些事，又穷又危险，小孩子没有书读，上街也提心吊胆的。"他却坚定地回答："再苦再危险，我们也要革命到底。"他的母亲马上也说："全家都支持你。"不久，杨匏安调到中共中央农民运动委员会任农委兼农民部副部长。这年6月，他翻译了列宁和拉比杜斯著的《地租论》，交由南强书店出版，署名王纯一。这本六七万字的小册子，论述了西方资本主义国家和社会主义国家苏联，在消灭封建地租和资本主义地租后，如何处理地租问题，对当时正在进行土地革命的各革命根据地，颇有参考作用。这年杨匏安还同阮啸仙等在党中央以中国互济会名义举办的干部训练班任课，从事培养党的干部的工作。

在白色恐怖极为严重的上海，党的经费十分困难。杨匏安一家人口众多，生活异常艰苦，有两个孩子因病无钱医治而夭折，他自己患肺病，妻子身体也很不好。为了弥补家用，他除了在晚间加紧写作和翻译外，还要帮家人推磨做米糍，让他的母亲和小孩第二天早晨上街叫卖。他的一家老老少少，也经常为党传递信息和放哨。

1931年夏，中共中央宣传部负责人罗绮园因生活作风问题，被叛徒向南京蒋介石告密，以致连累杨匏安等16人被捕。其时杨匏安一家住在上海公共租界东有恒路（今东余杭路）2048号。7月25日凌晨，一批国民党侦探和公共租界的巡捕，冲进杨家小阁楼，把正卧病在床的杨匏安拉走，先关押在汇山捕房，过两天又被转移到国民党淞沪警备司令部侦缉队。杨匏安在国民党内曾任中央常委，影响较大，蒋介石几次派人劝降，但都遭他严词斥责。敌人以死威胁，杨匏安斩钉截铁地回答：“我从参加革命起，早就置生死于度外，死可以，变节不行！”狱中难友无不为杨匏安的铁骨丹心而深深感动，连一些看守的国民党士兵也赞叹杨匏安是个“铁人”。不久，杨匏安被押到淞沪警备司令部龙华看守所。他托人带出一封信给家人，说他难免为革命牺牲，告诫家人不可接受任何不认识的人的资助，如果实在没办法生活，就回老家去，并特别嘱咐：千万别把缝纫机卖了，那是全家今后生活的依靠。

杨匏安在狱中，不仅自己对党忠贞不渝，他还经常以革命者应有的气节教育狱中同志。他被捕后作的一首著名的“就义诗”，即是最好的写照：

慷慨登车去，相期一节全。
残生无可恋，大敌正当前。
知止穷张俭，迟行笑褚渊。
从兹分手别，对视莫潸然！

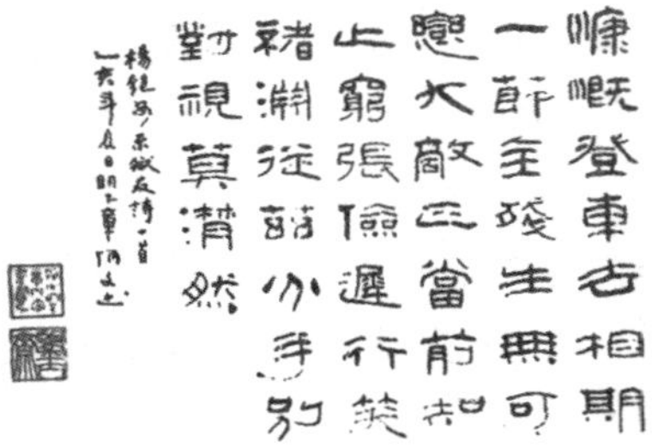
就义诗

1931 年 8 月的一天晚上，杨匏安被国民党反动派秘密枪杀在淞沪警备司令部内的荒地中。他的革命业绩和不朽的诗文，将永远激励着中国人民为社会主义和共产主义的宏伟事业奋勇前进！

【家风传承】

杨匏安的妻子吴佩琪，香山翠微村人。她勤劳贤惠，深明大义。1916 年，18 岁的她与杨匏安结婚，从此无怨无悔地跟随并支持丈夫从事革命工作。她先后生下 6 个子女，在生活十分艰难的情况下，以勤劳的双手替人加工肥皂、打零工，帮补家计。她的家是党的重要活动场所，她总是热情接待革命同志，并为之送信放哨。杨匏安遇难后，她偕儿从上海逃回广州杨家祠，靠剪纸花卖度日。后来在周恩来、何香凝的关照下，生活有所好转。1937 年她病逝于广州。周恩来曾肯定她“在上海掩护过许多革命同志”。

上海“一·二八”战事爆发时，杨家仓促从战区撤出，同党组织失去联系，后无法在上海生存，只好回到广州。此时，杨家人生活更加困难，杨匏安的一儿一女被送进孤儿院，两个大一点的儿子一个当电工，一个在电木粉厂打工，一个女儿被送进儿童收养所。小儿子杨文伟在父亲牺牲时年仅两岁多，跟随祖母和母亲生活。杨文伟曾听母亲讲述，有一天半夜，一家人被一阵粗暴的拍门声吵醒。打开门，进来一群持枪特务，开口就说要找杨匏安。父亲知道自己暴露了。母亲给他找了几件御寒的衣服，全家人眼睁睁地看着他被特务抓去。父亲这一走，就再也没有回来。事后才知道，是有叛徒向国民党特务机关告了密。后来他们辗转来到香港，组成一个名义家庭，作为党的秘密工作站，为党收集传递情报。

杨匏安参与领导省港大罢工期间，罢工委员会有时在杨家祠给罢工工人发放各界捐款。一次，杨匏安的孩子们在存放过罢工捐款的麻袋里捡到两角钱硬币，杨匏安吩咐把这两角钱立刻送到罢工委员会去。这件事给周恩来留下了深刻的印象，时隔多年还对杨匏安的孩子回忆说：“你父亲为官清廉，一丝不苟，称得上是模范！”

杨匏安的子女，都走上了革命的道路。杨文伟也不例外。抗日战争时期，他随家人到香港参与党的秘密活动。1945 年，组织上送杨文伟参加东江纵队。

清白持家、两袖清风的“家风”让杨文伟在日后的工作中也保持着如父亲一样的清廉——杨文伟的女儿在北京读书时，想要一辆自行车，而当时公社里面有这些物资，只要他开口，马上就可以有，但是杨文伟却说不要。一直到 1982 年离休，杨文伟都兢兢业业，以父亲为榜样，不负杨匏安后人之名。

【家教名言】

寄小梅

去国六千里，心随云水长。
逃生来绝域，问禁入危邦。
归意能无动？公忠不可忘。
相思凭梦寄，月色满桄榔。

【为国秉公心】

革命家

孙中山

忠孝博爱，廉洁奉公

【家族简史】

孙中山长子孙科的《八十述略》一书里，提到先祖孙有敬因躲避兵祸南迁入闽（福建）。因此，孙有敬被称为孙氏家族入闽之始祖。此后，孙家在福建居住了四代。直到明朝永乐年间，孙友松举家由福建迁到现在的广东省紫金县忠兴坝一带落户。因此，孙友松成为孙家入粤的先祖。从孙友松起，再经历十一世到孙鼎标，他是位抗清义士，因为其最后兵败，孙氏族人也多流徙离散。孙鼎标的次子孙连昌迁居到香山县，以耕渔为业。至此，孙连昌是香山孙中山家族的先祖。到第十四世孙殿朝于乾隆时迁入翠亨村。到了孙中山的父亲孙达成这一代，日子过得十分艰难。他一面种田，一面做更夫，一家人常把红薯当主粮吃。直到孙中山的哥哥孙眉赴茂宜岛垦荒、经营牧场和商店后，家境才有所好转。跟许多农家孩子一样，孙中山在童年时就得上山砍柴，年龄稍大一点时，就下田插秧除草，有时还跟他的外祖父出海捕鱼。

【名人故事】

孙中山（1866—1925），名文，字载之，号日新，又号逸仙，幼名帝象，化名中山樵。生于广东省香山县翠亨村（今中山市南朗镇翠亨村）的农民家庭。青少年时代受到广东人民斗争传统的影响，向往太平天国的革命事业，自诩“洪秀全第二”。他是中国近代民族民主主义革命的开拓者，中国民主革命伟大先行者，中华民国和中国国民党的缔造者，三民主义的倡导者，创立《五权宪法》。他首举彻底反帝反封建的旗帜，“起共和而终两千年封建帝制”。光绪三十一年（1905 年）成立中国同盟会。辛亥革命后，孙中山被推举为中华民国临时大总统（任期 1912 年 1 月 1 日— 4 月 1 日）。1925 年 3 月 12 日孙中山在北京逝世。1929 年 6 月 1 日，根据其生前遗愿，葬于南京紫金山中山陵。1940 年，国民政府通令全国，尊称其为“中华民国国父”。孙中山为了改造中国耗尽毕生的精力，在历史上留下了不可磨灭的功勋，也为政治和后继者留下了珍贵的遗产。

同治五年十月初六日（1866 年 11 月 12 日），孙中山出生于一个贫困家庭，7 岁时进私塾读书，背诵《三字经》《千字文》等蒙书，同时练习毛笔字。他 10 岁入陆家祠堂，学四书五经。孙中山勤奋求学，成绩突出。当时，村中有个太平天国遗兵冯爽观，时常向孩子们讲述太平军反清的故事，孙中山对此很感兴趣。清廷腐败，人民群起反抗的事深植在他小小的心灵中，对洪秀全等反清人士亦产生了崇拜之情。在乡间，看到女子被强迫缠足的痛苦，看到奴婢被主人随意毒打的残酷，看到乡人聚赌的沉沦，看到官兵欺压良民的野蛮，他感到非常伤心和愤怒，便萌发了要到外面世界看看的念头。

孙中山一生酷爱读书。1908 年，孙中山颠沛流离地到了英国伦敦。经过旅途的辗转周折，他所带的旅费已分文不剩，眼看着连一口面包都吃不上了。于是，一些热心的留学生便慷慨解囊，凑了 40 英镑送给孙中山，以暂时维持他的基本生活。不料三天之后，大伙儿再去看望他时，却见他已用这些钱买了一大堆新书，并说：“我还剩下 10 英镑呢！”一见面，中山先生便津津有味地指着书告诉众人它们的精彩绝伦之处。众人见此情景，不禁目瞪口呆，有的为中山先生的好学精神所惊骇，也有的抱怨他不该将吃面包的钱拿来买了书，而孙中山却笑着说：“我觉得买书比买吃的还重要。”

孙中山胞兄孙眉（1854—1915）与孙中山之间兄弟情谊相当厚重，早年曾不断汇款资助孙中山的生活和求学费用，后来加入同盟会，不惜倾尽家财支持、资助革命活动，并给予孙中山精神、物质和经济等方面的大力支持，不仅对孙中山的革命生涯起了重要的作用，而且还为孙中山领导的反清革命做出了极其重要的贡献，在当时的广东省和海内外已有一定的政治影响。

据史料记载，南京临时政府成立之初，广东都督一职由谁担任一事久决不下，广东地方人士与社会团体于是致电南京临时大总统府，提议选举孙中山长兄孙眉为广东都督。

仅就当时的历史情况而言，孙眉作为孙中山长兄，也是同盟会南方支部的负责人，论其威望，论其能力、经验等各方面，确实有资格担任广东都督。如若孙中山采取“顺水推舟”的态度，或是以让别人代替自己说话的方式，孙眉担任广东都督也是顺理成章的一件事，革命阵营内部赞同的声音肯定不少，外界舆论也许不会太多。

然而，孙中山却没有“顺水推舟”，而是亮明态度坚决予以反对。1912 年 2 月 21 日，孙中山致电广东各团体，称“家兄质直过人，而素不娴于政治，一登舞台，人易欺以其方”。在电文中，孙中山首先承认其兄孙眉确为忠厚老实之人，但又指出其“素不娴于政治”，易于被政客欺骗和利用。由此足以表明，孙中山立即识破了利用孙眉者的阴谋。

随后，孙中山还专门致电其兄孙眉，劝其不要担任广东都督，并进行耐心细致的思想解劝工作：“粤中有人议举兄为都督，弟以为政治非兄所熟习。兄质直过人，一入政界，将有相欺以其方者……”

当了中华民国临时大总统的孙中山，能够以身作则，力排众议，坚决不让孙眉担任广东都督，可见，伟大的革命先行者孙中山确实是在以他个人的实际行动，一改封建王朝“一人得道，鸡犬升天”的传统陋习，坚持任人唯贤，而不任人唯亲，由此而为当时南京临时政府注入了一缕难得的政坛清风。

【家风传承】

孙中山一生有过三次婚姻。与原配夫人卢慕贞育有独子孙科和两个女儿孙娫、孙婉。

1901 年 4 月，孙中山在檀香山与家人合影。中坐者为孙中山母亲。后排左四为孙眉，左二为孙眉夫人，右四为孙中山，右三为孙中山原配夫人卢慕贞。前排三个小孩，左起依次为孙科、孙婉、孙娫。

孙中山与家人合影（后排右四为孙中山）

孙科（1891—1973），字连生，号哲生，孙中山长子，广东香山县翠亨村（今中山市南朗镇翠亨村）人。曾任中华民国考试院、行政院、立法院长。虽然孙中山先生毕生在为革命劳碌奔波，但对于自己唯一的儿子，他不仅充当着一个父亲的角色，更是儿子孙科的人生与革命导师的角色。正是在他的引导下，孙科早年便投入革命并长期担任国民党的要职。也正是在父亲的督促下，孙科养成了好读书的习惯，并以“养浩然气，读有用书”自勉，一直到晚年移居美国，仍然读书不辍。孙科早年在檀香山读中学时，孙中山就曾经从英国寄给他一套“人人文库”丛书，都是英美著名大作家撰写的小说、剧本，信中还不忘告诫儿子：“你要使英文进步，单靠学校的课本是不够的，必须多多阅读文学名著，久而久之，自然会有进步。”其后，孙科在檀香山中学毕业，获美国加州大学伯克利分校文学士、哥伦比亚大学硕士、哥伦比亚大学荣誉法学博士等学位。

孙科喜欢读书的名声在外，以至反对他的人也不得不承认在国民党要人中，他也是个比较能“看看书的人”。到了晚年，孙科远离政治斗争十数年，终于有机会静心修养，唯以读书自娱。他曾回忆说：“除了偶尔出外小作旅游外，大部分时间都消耗在读书上面。”

1912 年孙中山就任临时大总统后，一家人曾在南京有一段短暂的团聚时光。这时，孙中山与孙科谈话的一个重要内容，仍是议论读书。显然，孙科在美国艰苦的生活环境中，尚能一如既往地“养浩然气，读有用书”，自然凝聚着孙中山的一片苦心。孙科这位昔日堂堂的国民政府显要，在美国因生活困难，竟连买书的钱都不够，只购报纸、期刊阅读。但这丝毫未改变他对读书的嗜好。

孙媛（1894—1913），孙中山的长女。1894 年（亦说 1895 年）3 月 31 日出生在孙先生的故乡广东香山县翠亨村。出生不久，尚处于襁褓中的孙媛，就跟随祖母、母亲和哥哥等人远涉重洋，来到异域檀香山。她的少年时代是在漂泊不定的艰难生活中度过的。

1912 年 6 月，孙媛和妹妹孙婉随哥哥孙科一同赴美留学。孙媛就读于美国加州伯克利大学。受父亲孙中山崇高品格潜移默化的影响，孙媛自幼勤奋好学，成绩优异。

1913 年 3 月，在伯克利大学读书期间，孙媛不幸患糖尿病，肾功能衰竭，久医不愈，遂由她的恋人伍平一特聘医生及护士陪伴她回澳门母亲卢慕贞处继续治疗。6 月 25 日，病魔终于夺去了年仅 19 岁的孙媛的生命。闻悉女儿病逝的噩耗时，一心奔波于中国革命事业的孙中山极为悲痛。

孙中山先生虽然身居高位，但他生活俭朴，对于至爱亲朋，亦不给予任何特权。因此，家人为孙媛举行的葬礼也很简朴。1931 年，国民党中央政府准备在孙中山的家乡修建孙家坟场，孙媛遗骸才从澳门迁回故乡，葬在孙家祖墓翠亨村附近的谭家山坡上，墓碑上刻有“显十九世祖妣孙媛之墓”。其墓至今完好无损。

【家教名言】

努力向学，蔚为国用。

自己应为之事，勿求他人；今日应为之事，勿待明日。

——孙中山

风波之来，固自不幸，然要先论有愧无愧。如果无愧，何难坦衷当之。此等世界，骨脆胆薄，一日立脚不得。做好男子，须经磨练。生于忧患，死于安乐，千古不易之理也。孟浪不可，一味愁闷，何济于事？患难有患难之道，自得二字，正在此时理会。

——孙奇逢《孝友堂家训》

叶剑英

能参善谋，气度恢弘

【家族简史】

叶钻祥（1871—1921）是叶剑英元帅的父亲，广东省梅州市梅县区人。自幼随二哥叶钦祥习武，曾考取清朝时的梅州武秀才，但却无用武之地，只得靠摆摊经营小本生意维持生计。与妻子陈秀云（1872—1944）共生有四男四女，存活两男两女，即叶宜伟（叶剑英）、叶宜导（叶道英）、叶才英（女）、叶顺英（女）。

【名人故事】

叶剑英（1897—1986），原名叶宜伟，字沧白，广东省梅县人。早年追随孙中山投身资产阶级革命，蒋介石叛变革命后，通电反蒋，不久即加入中国共产党。组织了广州起义，参加了中央苏区的军事斗争。长征途中与张国焘的分裂主义进行坚决斗争。抗日战争中任八路军参谋长，解放战争中任解放军参谋长。新中国成立后任华南军区司令员、监察部部长、军委副主席兼秘书长、国防部长、中央政治局常委、全国人大常委会委员长等职。他在近90年的生命历程中，在无数次的关键时刻挺身而出，拯救了无数的生命，也改变了一个国家的命运，在国际上享有崇高威望和地位，被视为中华人民共和国成立以来最具影响力的代表人物之一。

叶剑英1897年出生于广东梅县农村一个小商人之家。他5岁时入私塾，学习之余还要做繁重的家务劳动。在入三堡学堂、东山中学时，除文史诗词成绩突出外，他又兼习军事体育，尤精剑棍。日后他文武全才，正是在此时打下的基础。

中学毕业后，叶剑英当过小学教员，依侨乡的习惯于19岁时到马来西亚谋事。因受歧视和遭资本家欺压，他愤然于1917年回国考入云南讲武堂，想走从军强国之路，自此改名剑英。在讲武堂受训期间，叶剑英不仅对新知识充满兴趣，而且注意练武，他认为军人没有知识不行，没有功夫也不行。当时讲武堂有个日本教官，精于劈刀技术，他自认为全校无敌，气焰嚣张。叶剑英对此愤愤不平，也练就了一手精湛娴熟的劈刀技术，邀日本人比武，经过激烈的较量，终于击败了日本教官。

叶剑英爱读书，也爱藏书，他建了一个藏有上万册图书的藏书楼。他的诗也写得好，毛泽东还曾让善于写诗的陈毅向他学习写诗。所以叶剑英又有“书迷”和“儒将”的雅称。

叶剑英在几十年的军事生涯中，主要从事参谋工作，他在重大和紧要的历史关头，总是能敏锐地关注战争的特点、进程和需求，及时地确定谋略，创造性地运筹方案，通过机智果敢的处置，力挽狂澜，表现出非凡的才智和高超的斗争艺术，往往在关键的时刻挽救革命、挽救党，深孚众望。周恩来曾引用“疾风知劲草，板荡识诚臣”来赞誉他。毛泽东则一直认为他是参谋长的最佳人选，总是称呼他为“参座”。毛泽东曾赞叹他说：“诸葛一生唯谨慎，吕端大事不糊涂。”吕端是北宋的一位名相，以机敏干练、宽厚多恕、能断大事而闻名。用吕端比喻叶剑英很恰当，很多人知道毛泽东这个比喻，“吕端”也因此成了他的又一个绰号。

1935年9月，叶剑英的一次机智果断的行动，曾救了毛泽东的性命。当时，长征中的红一方面军和红四方面军在四川懋功会师。会师后，中央决定继续北上，创建川陕甘革命根据地。但张国焘却不愿北上，要南下。中央为阻止张国焘的阴谋，将原红四方面军总指挥部组建为红军前敌总指挥部，徐向前任总指挥，陈昌浩任政委，叶剑英任参谋长，但陈昌浩却对张国焘唯命是从。9 月 8 日，张国焘下令右路军停止北上，准备南下。电报送到叶剑英手中时，陈昌浩正在讲话，叶剑英知道事关重大，就借上厕所之名立即将电报给毛泽东看，并指出此地危险，应立即到红三军团去。毛泽东看到电报后，知势态严重，当即与周恩来等商议，果断决定，率红一、三军团单独北上，使党中央及时脱离了危险。事后，毛泽东曾摸着自己的脑袋风趣地说："叶剑英同志在关键时刻是立了大功的，如果没有他，就没有这个了。他救了党，救了红军，救了我们这些人。"

在新的历史时期，德高望重的叶剑英曾任党中央副主席、全国人大常委会委员长，后来他因"身欲奋飞兮病在床"，主动提出退出领导岗位。1986 年 10 月 22 日因病在北京逝世，享年 89 岁。

【家风传承】

叶帅与家人合影（后排从左至右：叶选平、叶选宁、邹家华、叶楚梅、吴小兰、叶向真）

叶剑英共有六个孩子，每个都得到其真传的红梅品格、青松人格、儒雅性格、智勇将格。叶剑英深懂刚柔之道，能屈能伸，关键时刻挺身而出。孩子们也深得其中奥妙的启迪。六个孩子在叶帅的教育、引导、关心下，成为对国家、对党、对社会、对家庭有为、有用的人，勇于负责，敢于担当，为人正派，得到亲朋好友的尊崇。

叶选平生于 1924 年 11 月。1945 年叶选平毕业后，从基层做起，被分配到延安兵工厂工作，成为一名机械师。1947 年调任晋绥边区第一机械厂干部。叶剑英嘱咐他要学以致用，把学到的知识应用到实践中，叶选平谨记父亲的教诲，成了一名出色的技术员。

新中国成立后，叶选平先后在哈尔滨工业大学和清华大学进行短期学习。1952 年，又被派往苏联进修机床专业。1954 年回国后，叶选平先后在沈阳和北京担任两家机床厂的总工程师。叶剑英对儿子的成长和进步深感宽慰，他把自己最疼爱的长子放在工业战线，他深知工业对这个农业大国的重要性，新中国要赶超世界先进水平，不可不发展工业。

1978 年，54 岁的叶选平开始步入政界，出任国家科委三局局长。1985 年晋升为广东省省长，成为改革开放初期广东省的主要领导之一。

叶楚梅为叶选平同母胞妹，1928 年出生在香港，曾任机械工业部机床局副局长。1945 年，17 岁的叶楚梅被叶剑英送到了遥远的东北，成为东北民主联军的一名战士。叶楚梅从小在广东长大，初到东北，生活很不适应，每天在零下三四十摄氏度的气温下练兵，非常艰苦。对此，楚梅有点不理解，父亲却对楚梅说："你们是幸福的一代，我们年轻时看《共产党宣言》都是要掉脑袋的，你们在革命队伍里有追求光明、学习革命理论的自由，有广阔的天地任你们驰骋，要珍惜这个环境，努力锻炼自己。"慈父疼爱女儿，却没有把她留在自己的身边，而是把她放到革命的大家庭里锻炼，他希望自己的女儿能成为一个坚强的革命战士，这是一种无私的父爱，是大爱。多年后，楚梅追忆起过去的艰苦岁月时才感到父亲的良苦用心。

叶楚梅去了东北后，叶剑英挂念着她，给她写了一封信，表露了对女儿的热切期望："亲爱的梅儿，爸爸有你而感觉骄傲。鼓起你的劲儿，踏上你的长路。这不是日暮途远呀！红日恰在东升。阳光照着艰险的途程，比起黑夜里摸索，要便宜得万万千千。急进吧！追上那先头出发的人们。急进吧！再追上一程。这里有广漠无边的地盘，等待你们去开垦。这里有大批优良的种子，等待着你们拿回来散播，赶上春耕。人民要翻身了，许多人已经翻了身。敌人着慌了，不顾一切的起来做绝望的抗衡。这是人类历史上最热闹的场面，进吧！再追上一程。我们不是速胜论者。欢迎你们能够赶上这一场翻天覆地的斗争。我想你们没有一个是'坐享其成'的人，你们是铁骨铮铮。"叶剑英曾给楚梅写过许多信，可惜"文革"抄家时全失散了，这封信还是有关部门代转还给她的。

叶选宁出生于兵荒马乱的 1938 年。1960 年，22 岁的叶选宁毕业于北京工业学院（现北京理工大学）无线电电子工程系，毕业后在江西工作。1974 年，在一次往粉碎机里送料时，选宁不幸被机器轧断右臂。叶剑英得知此事时正在北京，接到电话时，由于信号不好，他对着电话猛喊，但电话那边却没有回应，叶剑英急得掉下了眼泪。他向周恩来总理汇报此事，总理亲自下令抢救，当地医疗部门才把断臂帮选宁接上，但从此右臂功能全无。后来叶选宁越挫越勇，练就了一手刚劲潇洒的左手行书。他熟习历代书法大家的旨趣，融合自身的天赋及对世事丰富的阅历，经过长期的历练，对书法有自己独特的见解。他的书法，融入了自己的主张和性格，大气中不失机智，沉稳中透着活力。

1984 年，叶选宁从国务院干部改穿军装，担任解放军总政治部对外联络部副部长。1988 年 9 月在我军恢复军衔制首次授衔时，即授少将军衔。1990 年，任解放军总政治部联络部部长职务。2016 年 7 月 10 日，叶选宁因病在广州平静离世，享年 79 岁。

叶向真出生于 1940 年，笔名凌子，曾任全国政协委员，国际儒学联合会普及委员会副主任、中华孔子学会副会长、北京电影制片厂原导演。这个出生在战火纷飞年代的女儿，长得亭亭玉立，沉静中透着高雅，又不失亲切，浑身却充满艺术细胞。她对儒学深有研究，特别是对孔子有相当的研究基础，这深受父亲的影响。叶帅是一个著名的儒将，他的行事方式和作风深深地烙上了中国传统儒家思想的印记。叶向真一开始学医，后来出于对艺术的浓厚兴趣，改行做了导演。叶剑英本是希望她当医生，但女儿坚持要搞艺术，叶剑英拗不过她，才同意她当导演。著名电影《原野》出自她手，该影片在威尼斯电影节中获得了“世界最优秀影片推荐”的荣誉，并获得百花奖最佳故事片奖。此后，叶向真在导演了《风吹唢呐声》《三宝闹深圳》等几部影片后离开了电影界，现居北京，致力于推动儿童经典诵读。

叶选廉生于 1952 年。他选择了与父亲不同的事业道路——从商。叶选廉是保利集团下属凯利公司董事长兼总裁、深圳国叶实业有限公司董事长。保利公司是 1993 年组建的大型中央企业之一，经过 20 多年的发展，保利集团形成了军民用品国际贸易和房地产开发两大主业。

叶文珊出生于 1961 年。叶文珊历任香港亚太奔德有限公司董事长、海南华侨投资有限公司副董事长。文珊是六兄妹中最小的孩子，又是个女儿，大家都叫她小妹。叶剑英处处宠着她，让着她，视如心头肉。“文革”中，由于“四人帮”的迫害，文珊被迫离开了北京，离开了父亲。文珊替父亲担忧，经常给父亲写信。叶帅乐观、风趣地回信安慰她：“信中问到 2 号楼，且听吧：2 号楼前果木多，一间古庙一头陀（他把自己比作古庙里的和尚）；女儿有假归来看，你的窝儿照样呵！”文珊也知道这是父亲怕女儿担忧，用轻松幽默的语言消除女儿的忧虑，表现了父亲顺时应势的智慧。这使文珊感到安慰，得到父亲大智若愚的人生观的启迪。

【家教名言】

挺着腰杆走路，夹着尾巴做人。

人生贵有胸中竹，经得艰难考验时。

——叶剑英《七绝·题画竹》

蔡廷锴

杀敌报国，侠义耿直

【家族简史】

蔡廷锴家谱记载，蔡氏始祖胡传公原籍山东济阳，明朝崇祯年间满人入侵，二世祖自茂公南下逃难广东南雄珠玑巷，清军南犯再逃广东罗定龙岩乡安居，各世祖历代都是贫农，没有读书人。蔡廷锴的胞弟蔡达锴，是当地开明的地主，在罗定等地深有影响。蔡廷锴因家贫9岁才上学，12岁因母亲病逝而中途辍学。生活的磨炼使他在从军前就当过看牛仔、犁耙手、裁缝匠、店员，并懂得一手熟练的农作技术。他在严父慈母的教育下，自幼就懂得要做一个热爱劳动和公益、不损人利己、关心群众疾苦的人。

【名人故事】

蔡廷锴（1892—1968），字贤初，广东罗定县罗镜镇龙岩乡人，外号高佬蔡。行伍出身，由士兵一步一个脚印升为十九路军上将总司令。在1932年震动中外的“一·二八”淞沪抗战中，他不顾南京政府的阻挠，统率十九路军与日本侵略军激战33天，以少胜多，以弱胜强，打响了抗日的第一枪，掀起了全民抗日的高潮。国际国内舆论热烈称颂他为“民族英雄”。1968年4月25日，蔡廷锴因病医治无效在北京逝世。

蔡廷锴1892年4月15日出生于广东罗定一个贫苦农民家庭。9岁时，他开始到邻村的书馆入学读书。直到母亲突然去世，仅上了3年学的蔡廷锴被迫辍学。13岁的他过早地担起了生活的重担。忙时他和姐姐种地，闲时他和父亲学裁缝。生活的磨难，不仅练就了蔡廷锴倔强的性格和健壮的体魄，也因为跑的地方广、接触的人多，思想也逐渐开放起来。

太平天国将领凌十八曾在罗定地区活动，后来死于罗定。蔡廷锴年幼接触凌十八的传说，满身义胆，一直想带兵打仗。他还十分钦佩刘义（永福）敢打番鬼，敢打侵略台湾的日本军。当时外国列强对中国的欺侮，清政府的割地赔款、丧权辱国常使他愤恨不已。一本《三国演义》蔡廷锴看了又看，爱不释手。他相信自己有一天会像赵子龙那样驰骋疆场杀敌报国。

1908年9月，蔡廷锴与本地农家女彭惠芳结婚。1910年，新军来到了罗定县，蔡廷锴瞒着父亲、妻子，以外出替人裁缝衣服为借口，加入新军。多年的愿望一经实现，蔡廷锴格外振奋。他出操训练一丝不苟，很得上级的赏识，前后仅两个月就由副兵升为正兵、上等兵。从军生涯一开始并不顺利，军队在急剧地分化、改组、易帜，蔡廷锴先后4次投军，但不久就被迫离去，1918年到李耀汉肇军的陈铭枢营当排长；1919年肇军解体，陈铭枢营改属于护国军林虎部，蔡廷锴被选入护国第二军陆军讲武堂学习一年。虽然颠沛流离，但蔡廷锴从未放弃，后来为了能直接领兵作战，他自愿降级，担任少尉排长。

蔡廷锴一生忠义，却不愚忠。“九一八”事变后，蒋介石下野，汪精卫主政，十九路军调京沪卫戍。当时日军侵略我国东三省，蒋介石采取不抵抗政策。蔡廷锴感叹不已：“自己投身军界，生在半殖民的中国，若穿军服入租界，那些外国人都投以鄙视的眼光。因此，国中军政人员，非换衣服不敢入租界，即到也不敢抬头，实是可怜可叹。”

1932年1月22日，日本驻沪领事村井提出无理要求，要十九路军由驻地向后撤退30公里。蔡廷锴得到消息后怒火中烧。晚上7时总部向全军发布一道密令：“如日本军队确实向我驻地部队攻击时，应全力扑灭之。”然而，十九路军的态度使蒋介石政府极为不安。1月24日，军政部长何应钦亲自到蔡廷锴家，要他答应日军的要求，命令部队撤防南翔以西地区。蔡廷锴当即反驳道：“上海是我国领土，十九路军是中国军队，有权驻在上海，与日本帝国主义毫无关系。万一日军胆敢来犯，我军守土有责，决定迎头痛击。”

1月28日深夜23时30分，日军悍然向闸北守军开火。十九路军打响了抗日的枪声，震惊中外的“一·二八”事变爆发。蔡廷锴与蒋光鼐、戴戟一起，研究作战方案，连夜发出第一道抗日通电，向全国人民表示“尺地寸草，不能放弃”。这是一场历史上罕见的战争。敌人是海陆空并进，狂轰滥炸，猖狂攻击；十九路军则凭借步枪、炸药、刺刀进行反击；蔡廷锴指挥的十九路军只有四万之众，孤军奋战。即便如此，十九路军连连挫败强敌的进攻，迫使日军三易主帅。

【家风传承】

“一·二八”事变之后，蔡廷锴因不再受蒋介石重用，在桂林过着近乎自由人的生活。据蔡廷锴的孙子蔡醒民回忆，在蔡醒民刚出生时，父亲和母亲都在战场，因此，不满周岁的蔡醒民便被接到祖父身边，而蔡醒民这个名字也是蔡廷锴取的。不过，祖父留给爷孙相处的机会不多，“祖父善于交际，一直在为革命事业奔走，经常是不归家的”。蔡廷锴战时为战事奔波，即使新中国成立后，也一直与子女分离。跟随祖父时间相对较长的蔡醒民坦言，他对祖父是又爱又怕。蔡廷锴戎马一生，自有一股军人独有的威严之气。因此，尽管蔡廷锴对家人和蔼坦诚，仍不免让后辈们先感可敬继而可亲。孙辈中一旦有人做错事，蔡廷锴会严格批评，偶尔会被关在洗手间，他要求男孩子不许哭。

难得的是，蔡廷锴会经常写信勉励孙子，曾在写给侄儿蔡绍大和长孙蔡醒民的家信中，勉励两人要为人民服务。在蔡醒民考上了中国地质大学时，蔡廷锴特地写信勉励他要为人民服务。

蔡廷锴战绩累累，曾经得到蒋介石的不少奖励，积蓄颇丰，曾在香港、广州等地都有房产。蔡家房子多，空置着，解放军入城后曾住进蔡家，给了蔡家一些房钱。蔡廷锴得知后把收钱的女儿蔡绍芝骂了一顿，还要求女儿把钱退还给解放军。新中国成立后，蔡廷锴先后担任各项国家要职，尽管如此，他却从未为子女谋过私利。蔡绍芝说起自己的兄弟姐妹，没有一个人受到过父亲的特殊关照。

蔡廷锴遵循“爱国爱家”的家训。他的一生中，在为保卫祖国、建设祖国竭尽全力的同时，对家乡的建设、对后辈的扶掖亦无时或忘。蔡将军对家乡的关心和爱护，受到家乡人民的热烈赞颂。蔡廷锴先后捐资、创办了龙岩乡第一间完全小学（1930 年改名为廷锴小学）等学校和泷江医院（现名罗镜医院），并在罗定罗镜捐资建造了官渡头大桥，筹建了民众教育公园（现称罗镜公园）。

【家教名言】

我始祖胡传公原籍山东济阳，明朝崇祯年间满人入侵，二世祖自茂公南下逃难广东南雄珠玑巷，清军南犯再逃罗定龙岩乡安居，三世连声四世万英五世广先六世汉民七世成贵八世锦元九世天明，各世祖历代都是贫农，没有读书人。现我们后代已得幸福，今后应当更加努力为社会主义事业而奋斗。

——蔡廷锴

凡我儿孙，应发挥爱国爱家的精神，为祖国建设而努力，为社会主义实现而奋斗。

——1957 年蔡廷锴写于北京的条幅题词

养天地正气，法古今完人。

——蔡廷锴经常练的书法简帖

苏兆征

革命先驱，鞠躬尽瘁

【家族简史】

1885年，苏兆征出生于广东香山一个贫苦的农民家庭。苏兆征的父亲名阿斌，字厚荣，是一个善良勤劳的农民，家中除了一间房屋外，别无其他产业。阿斌早年曾经当过地主的雇工，后来租佃了地主苏雨田的几亩薄田瘦地耕种。这些田地产量不高，租金却十分昂贵，每年还要给苏雨田送鸡、鸭等礼物，这使得苏厚荣一家无法摆脱贫困。苏兆征的母亲钟偶则靠打草鞋、挖蚝壳换点钱与丈夫苦撑着全家。父母给苏兆征起乳名为阿吉，希望他的出生能够给家中带来吉利，也祈望孩子能有个好的命运。

虽然家境贫寒，但父母平日对儿女管教很严格，经常叮嘱孩子们："我们苏家人穷志不短，一定要做老实人，千万不要干那些偷鸡摸狗的亏心事。"父母勤俭刻苦和诚实忠厚的品德在无形中影响着苏兆征，使他从小养成了勤劳节俭、诚实刚毅的性格。

【名人故事】

苏兆征（1885—1929），原名苏吉，广东香山县淇澳岛淇澳村（今珠海市淇澳岛）人。他是中国工人运动的先驱和著名领袖，中华全国总工会的主要创建人和领导人，国际工人运动活动家，中国共产党早期重要领导人之一。1908 年他加入孙中山先生领导的同盟会，积极参加推翻清政府的革命活动。1921 年他与林伟民等在香港建立中华海员工业联合总会。1992 年他领导了香港海员大罢工。1925 年春他加入中国共产党，领导并参与了震惊中外的省港大罢工。1927 年他被推举为广州苏维埃政府主席，1928 年当选为共产国际执行委员。苏兆征因积劳成疾，病倒在苏联。1929 年 1 月苏兆征抱病回国；2 月，因为手术过程中发生细菌感染，病逝于上海。

苏兆征幼时因为家境困窘，只读过 3 年私塾，后辍学务农。18 岁时，由于在家乡无以为生，年轻的苏兆征只好背井离乡，到外国轮船上当“侍仔”（即杂役），先后达 20 多年。多年的海上漂泊，使他不仅有机会耳闻目睹欧美各国如火如荼的工人运动，还经常接触正在为推翻清朝统治者而奔走的孙中山，从而加入同盟会，开始投身革命事业。在一次又一次率领海员们反抗工头粗暴对待的斗争中，苏兆征逐渐成长为一个坚定而出色的工人运动领袖。

1917 年俄国十月革命爆发，它的胜利，使得全国各地的工人士气大振，加上资本家对于工人的一再压榨、工资的拖欠以及殖民者的肆意掠夺，使得已经备受迫害的工人们奋不顾身地站了起来想要反抗，苏兆征就是省港大罢工的领军人物。苏兆征积极投身于工人运动，以工人的利益为先，抵制住了资本家的甜言蜜语，为的就是让工人群众取得更公平更多的利益保障。在这一信念的坚持之下，长达一年零四个月的罢工运动终于取得了伟大的胜利，自此，苏兆征受到了工人们的拥护和爱戴。罢工运动胜利结束之后，苏兆征被选为全国总工会执委会委员长，成为全国工人所拥戴的领袖。

据史料记载，即使是在返乡居住的短暂时光里，苏兆征也不忘记向乡亲们介绍革命思潮，启发农民团结起来反抗地主豪绅的压榨。这些活动引起了地主的仇恨，他们串通反动官府将苏兆征抓捕入狱。一年多的牢狱之灾并未使他退缩，反而促使他彻底走上了革命的道路。在离开家乡前，苏兆征怀着激动的心情到村外江树山脚下的“义士墓”前，掷碎了一个青碗，郑重发誓说：“我要继承先烈遗志，为革命鞠躬尽瘁，死而后已！”

在此后为工人运动奔走的日子里，“鞠躬尽瘁”这四个字无疑是苏兆征革命生涯的忠实写照。其子苏河清回忆说：“记得他在香港、广州、上海从事革命工作期间，总是早出晚归。他常在江边码头给工人们读报，讲革命道理，家中经常有伯伯、叔叔们来开会。为此，父亲多次遇到反动派的搜捕，但父亲并没有被吓倒，而是以更大的热情参加工作。”

上海“五卅惨案”发生后，为抗议帝国主义屠杀同胞的罪行，在苏兆征和邓中夏等共产党人的领导下，香港和广州举行了举世闻名的省港大罢工。由于深受工人拥戴，苏兆征被一致推举为罢工委员会委员长兼财政委员会委员长。省港大罢工持续了一年零四个月之久。在此期间，罢工斗争形势错综复杂，千头万绪，苏兆征夜以继日地工作。大到商议罢工策略、筹措罢工经费，小到罢工工人的住宿穿衣、一粥一饭，乃至工人子弟的教育安置，他都亲自过问，耗尽心力。他时时嘱咐工作人员说：“我们应该十分重视安排好工友们的生活问题。只有工友们生活上无后顾之忧，情绪饱满，也就能够斗志旺盛地与帝国主义作斗争。要是这些事情办不好，反过来就会给帝国主义者以可乘之机，使罢工斗争招致不必要的损失。”

一个个重担挑在肩上，原本体魄强健的苏兆征也渐渐积劳成疾。可他甚至在弥留之际，仍牵挂着革命事业。面对经过周折才知晓病情并赶来探望的周恩来、李立三、邓小平、邓颖超等人，他用微弱的声音，断断续续地对大家说：“大家共同努力奋斗！”在反复叮嘱同志们“大家同心合力起来，一致合作达到我们最后成功”后，苏兆征溘然长逝。

苏兆征为革命事业献出了毕生精力，以实际行动兑现了自己“鞠躬尽瘁，死而后已”的承诺，也诠释了中国共产党人为中华民族伟大胜利不懈奋斗的精神。

【家风传承】

苏兆征有两个子女。女儿苏丽娃1920年出生。在苏兆征去世后，中共中央就安排苏丽娃以及全家到苏联生活。苏丽娃从小受父亲教导，聪明懂事，1936年，考入莫斯科共产主义东方劳动大学学习。1945年回国担任军区俄文翻译，促进军事交流。1952年转业到中国贸易促进会，全力发展新中国的贸易、人才培养工作。

儿子苏河清1922年出生。苏河清自小热衷摄影、喜欢旅行。1939年考入莫斯科电影大学，1945 年回国后，任军区电影摄影师、中央新闻纪录电影制片厂总摄影师等。最著名的代表作有《解放了的中国》《日内瓦会议》《敬爱的周恩来总理永垂不朽》等。

【家教名言】

大家努力，达到革命的胜利。

——苏兆征遗言

【勉力争国权】

外交家

容闳

留学最早，教育传家

【家族简史】

容闳的祖上自宋朝嘉定年间从广东新会县迁居南屏，一直过着“日出而作，日入而息”的耕渔生活。容闳出生于一个贫苦的农家，父亲容丙炎，母亲林氏。长兄光杰年长容闳六岁，此外还有姐弟各一人。南屏容氏是中国最早的留学家族。容闳于 1847 年赴美留学，1854 年获得耶鲁大学学士学位，开启家族留学序幕。容闳毕业归国推官办留学计划，清政府派遣的 120 名留学幼童中，就有三名容氏子弟，从而奠定家族留学格局。在家族传统影响下，其他容氏子弟也纷纷留洋，仅容闳族弟容量桥 11 个子女中就有 8 人留学美国。容氏后人不仅留学时间早，留学质量也极高。容氏后人多毕业于耶鲁大学、哥伦比亚大学、芝加哥大学等世界知名学府。他们可谓中国留美教育的重要组成部分和典范。

【名人故事】

容闳（1828—1912）原名光照，族名达萌，号纯甫，英文名 Yung-Wing，广东香山县南屏村（今珠海市南屏镇）人，中国近代著名的教育家、外交家和社会活动家。容闳是第一个毕业于美国耶鲁大学的中国留学生，是中国留学生事业的先驱，被誉为“中国留学生之父”。在清末洋务运动中，他因促成并且经理了两件大事而彪炳史册：建成了中国近代第一座完整的机器厂——上海江南机器制造局；组织了第一批官费赴美留学幼童。在中国近代西学东渐、戊戌变法和辛亥革命中，容闳都有不可磨灭的贡献。

道光八年（1828 年），容闳出生于和澳门一水之隔的广东省香山县南屏村，那里是中国最早受到西方传教士文化影响的地区之一。1835 年，七岁的容闳跟随父亲前往澳门，并于当年入读当时仍附设于伦敦妇女会女校的马礼逊纪念学校（Morrison School），由独立宣教士郭士立（原属荷兰传道会）之夫人负责教导。道光二十七年（1847 年）初，校长勃朗牧师返回美国，离开时带上容闳、黄宽及黄胜三人前往美国留学。1850 年容闳考入耶鲁学院，为首名于耶鲁学院就读的中国人。1852 年，容闳入籍美国。1854 年，容闳以优异的成绩从耶鲁大学毕业，获文学学士毕业，其后返回中国。

容闳之所以能在 160 多年前就只身赴美留学，得益于他的家乡——香山南屏与澳门仅一水之隔，那里既有传统的科举教育，也有教授西方文明的新式教育。其时，澳门为葡萄牙所占已有数百年历史，香山民众耳濡目染西方传教士文化，对于西夷早已见怪不怪，因此能够较容易卸下“华夷之辨”的心理负担。所以，容闳的父亲虽然是很普通的广东乡下农民，但“择业观”已经被潜移默化地影响了，他让容闳去读新

容闳和清代外交官

外交家

式西塾，希望自己的儿子能够懂一点外文，能够做一个买办，过上比一个农民更好的生活。容闳就是在这种环境下走入澳门马礼逊纪念学校，遇到了改变其一生命运的美国教育家勃朗先生。

负笈美利坚只是为了改变个人和家庭的命运，但在接触西方文明的过程中，直观感受到西方文明秩序与清政府昏庸腐败之间的鲜明对比，容闳渐渐树立了教育救国的理想。容闳在自传中写道："以西方之学术，灌输于中国，使中国日趋于文明富强之境。"这成了容闳毕生的追求。

容闳的"西学东渐"已为人们所熟知，但他为中西文化交流的另一方面即"东学西渐"所做的贡献，却湮埋不彰，几乎不为世人知晓。

1840 年英国因鸦片贸易用炮火轰开大清帝国的国门后，西方列强的军队、外交、传教、商贸人员纷至沓来，这就需要语言上的交流与沟通。继法、俄之后，当英国于 1876 年在牛津大学设立专业汉学教席时，美国人就敏锐觉察到，要学习中国的语言、文化、历史、哲学，不能落在欧洲列强之后。

容闳从耶鲁大学毕业回国后，几经艰难挫折，终于在 1872 年说动清政府派遣 120 名幼童留学美国。当时耶鲁大学正在酝酿开办"中国语言文学"讲座，容闳推荐卫三畏担任第一任汉语教席。卫三畏是在华传教士兼外交官，在中国工作了 44 年，著有《中国总论》，被西方多国翻译出版，是名重一时的西方汉学权威。容闳为了促使耶鲁大学早日开办"中国语言文学"讲座，于 1877 年两次写信给母校图书馆馆长范南先生，表示只要耶鲁开办"中国语言文学"讲座，他即将自己收藏的 1237 卷中文图书捐赠给耶鲁图书馆，"深望耶鲁莫拖延此事，而让哈佛预着先鞭"，并写信给卫三畏，邀请他担任耶鲁大学第一任汉语教席。此时卫三畏已经在华退休回到美国，愉快地接受了容闳的邀请。因为汉语教席的薪金暂时没有筹集到，此事又拖了一年，1878 年耶鲁大学正式聘请卫三畏担任第一任"中国语言文学"讲座教席。而容闳于 1878 年 5 月 29 日，由康涅狄格州哈特福德城用铁路托运 1237 卷中国古代典籍，并附上四个大木箱的钥匙，交给图书馆馆长范南先生。

容闳毫无疑问是一个爱国者，从洋务到维新再到革命，无不是为了"使中国日趋于文明富强之境"。直到临死之前，还派自己的两个儿子归国为新政府效力。美国人特韦契耳评论说："他从头到脚，身上每一根神经纤维都是爱国的。他热爱中国，信赖中国，确信中国会有灿烂的前程，配得上它的壮丽的山河和伟大的历史。”梁启超也曾称其“舍忧国外，无他思想，无他事业也”。

【家风传承】

容闳在1875年与美国妻子玛丽·凯罗克结婚，先后在1876、1879年生下长子容瑾彤、次子容瑾槐。但是，容闳的两个儿子在历史上鲜有记载。

容闳后代中真正有名的是容永道，容闳是容永道的继祖父。容永道（1927—2013）出生于香港，经历过坎坷的童年，家庭屡遭变故，所以容永道格外早熟，四岁时就拥有了自己的第一份工作，帮人捶背。内战时容永道全家移居法国戛纳。容永道选择了专修会计学，并于1957年考取了苏格兰特许会计师资格，是第一个获此殊荣的中国人。容永道回到香港后，生活艰难，他选择了创业，一手创建了普华永道事务所这个全球排名第一的会计师事务所。在内地对外开放政策实行后，容永道成为第一批到内地开拓市场的人。事务所在上海开设办事处，订立了内地会计师行规，容永道推动了中国会计业的发展，为会计这一前途无量的职业打下了坚实的基础。1985年，容永道获任《香港基本法》起草委员会委员，1989年受到邓小平接见。容永道不仅在事业方面十分成功，在慈善方面也有很大的成就，不仅为会计业的发展实施助学计划，还设立“容永道会计学优异奖计划”，且为珠海建护老院捐钱。

容应萸是容闳侄孙女，日本亚细亚大学经营部教授，曾任日本亚细亚大学国际交流委员长，长期致力于中日文化交流。容应萸求学于日本，学的是国际关系，学术研究方向是中日关系，主要是日本留学生史。容应萸热心参与留美幼童的纪念活动，发表了一系列关于容闳与留美幼童的论文。

容应萸的祖父容星桥是容闳的族弟。容星桥子女在各自从事的领域都取得了非凡的成就。其中四子容启兆，曾任光华大学副校长，曾作为中国第一支国家足球队的领队，率队参加奥运会。七子容启恩在北伐战争中曾任北伐军三十四师政训处主任。八子容启荣曾任国民政府卫生部医学总监、世界卫生组织驻文莱代表。九子容启东，即容应萸父亲，曾任香港中文大学副校长兼崇基学院院长。

“至于容闳留给我们后代最宝贵的财富，相信是对教育的重视。”“据我父亲说，祖父一直表示他一生最尊敬的人是容闳，因为容闳将他带往美国，从而改变了一生的命运。”容应萸说。

南屏容氏后人所修的族谱与一般族谱多有不同。容应萸介绍说，父亲20世纪80年代退休后开始重编族谱，他修族谱有一个特色，就是连同女儿和女儿的家族都写在族谱内。而鉴于容家的后代有很多人已经不懂中文，容星桥的孙子容应骞在20世纪90年代主持编新族谱时，更是把后代族人的英文名加进去。

【家教名言】

以西方之学术，灌输于中国，使中国日趋于文明富强之境。

人必受教育，然后乃有知识，知识即势力也。势力之效用，较金钱为大。

——容闳《西学东渐记》

黄遵宪

革新诗界，跨界全才

【家族简史】

出身梅城江南圣人寨名门的梁辟村先生在其所著的《僻尘室读书偶记》介绍梅州鼎盛的人文时，专门提及梅城的三大书香世家："其时，读书人以三堂称盛，即下市禄善堂黄，圣人寨闲初堂梁，三坑留馀堂张。"这里所说的"禄善堂黄"正是黄遵宪的高祖父黄润开创的书香家族。

黄润以坚毅的意志，实现从赤贫到创富的飞跃，而其惊人的记忆力、精明的头脑以及好学勤勉的优良作风更是影响了几代人。他建筑的禄善堂，不但为子孙提供遮风挡雨的好居所，也是子孙得以求学上进的书香馥郁之地。禄善堂在它开枝散叶的100年里，四代人间，至少培养出一位进士八位举人，虽非一个直系连续专美，也是代有才人引领风骚。更令人惊奇的是，这个书香世家还伴随着商业世家的头衔，涌现出一批具有营商天赋的人物。

黄遵宪的祖父黄际升，继承祖业经商。父亲黄鸿藻，字砚宾，号逸农。他在黄遵宪九岁那年（1856 年）中举。先后做过户部主事、广西思恩府知府等官。喜交游，京中多位士大夫皆与友善。黄鸿藻不但督厘有方，且能注意发展地方经济。在任职期间，“办农桑，修书院，教养兼施，政声卓著”。政务之暇，喜以诗文自娱。父亲的政务才能和诗文修养，对青少年时期的黄遵宪不无熏陶。

黄遵宪从小就受到严格的封建家庭教育。当他三岁咿呀学语时，曾祖母李氏就对他口授《千家诗》，进行文学的启蒙教育。他四岁入学，天资过人。十岁那年，塾师以嘉应神童蔡蒙吉的诗句“一路春鸠啼落花”为题目，教他学习做诗。他的诗有“春从何处去，鸠亦尽啼情”之句，语出不俗，使塾师很是吃惊。次日，塾师又以杜甫的“一览众山小”句命题，黄遵宪当即答道：“天下犹未小，何论眼底山。”这短短十字，犹如石破天惊，显示出少年黄遵宪的诗才和志向，并且很快就成了受乡里推崇的小才子。

黄遵宪成长的年代正是禄善堂家族走向鼎盛的时期。

【名人故事】

黄遵宪（1848—1905），汉族客家人，字公度，别号人境庐主人。出生于广东嘉应州城东攀桂坊黄屋（今梅州市下市德赞楼）。光绪二年（1876 年）中举人，历充师日参赞、旧金山总领事、驻英参赞、新加坡总领事，戊戌变法期间署湖南按察使，助巡抚陈宝箴推行新政。晚清诗人，外交家、政治家、教育家。做诗方面，喜以新事物熔铸入诗，有“诗界革新导师”之称，其作品有《人境庐诗草》《日本国志》《日本杂事诗》等。他被誉为“近代中国走向世界第一人”。

黄遵宪一生经历了太平天国农民起义、中法战争、中日战争、戊戌变法。他是中国近代史上走在时代前沿，对我国近代化进程产生深远影响的人。作为杰出的思想家、外交家和革命家，他对社会变革有诸多独到心得，这些思想依然持续影响后人。

晚清末年，国门渐开，黄遵宪的曾外孙温尚光说：“黄遵宪肯定不是第一个出国看世界的人，但是他肯定是最早看世界的那批人中最耀眼的一个。”

黄遵宪的“潮”用今天的话来说就是，看到别人没看到的，做了别人没做过的事，且都是开先河的。因为常年宦游国外，他开始成为晚清最具有现代意识的官员。他是第一个把《红楼梦》介绍到日本的人；亦是第一个建议皇帝签发海外晚清子民护照的官员，史上第一本清朝海外子民的护照由时任新加坡总领事的“黄先生”签发；黄遵宪还是中国公共安全第一人，他把国外警察局的体系引入中国，在湖南推行新政的时候成立保卫局。他自然也是第一个见识并把美国总统大选如实记录下来的人。

作为第一批外交官，黄遵宪的外交智慧很值得称道。有一次，美国政府为了排华，以华工不讲卫生为由将他们拘捕。许多华人因此遭到逮捕，监狱被关得满满的。黄遵宪闻讯，迅速赶到拘禁华人的监狱。他叫人仔细丈量了囚房的面积，然后把美国官员找来，指着肮脏拥挤的牢房，质问：“这里的卫生条件，难道比华人住所好吗?”美国官员被问得哑口无言。经过黄遵宪的据理力争，美国地方政府只得把无辜的侨民，从监狱里释放出来。

数年后，清朝惨败于日本，黄遵宪本人却被日本历史学家称为“最有风度、最有教养的外交家”；维新变法失败后，黄遵宪并没有遭到杀害，成为维新派领导人中少数幸存者之一，因为英国、日本等国均出面对清政府施加压力。英国驻上海总领事向清政府声明：“如中国政府欲将黄遵宪不问其所得何罪，必治以死，则我国必出力救援，以免其不测之祸。”日本驻华公使也向清政府提出交涉，声言查办黄遵宪，“有伤两国交谊”。慈禧太后不得不有所顾忌，只好释放了黄遵宪。

黄遵宪虽然一生大部分时间活跃于中国的政治舞台，可以说是一位出色的外交活动家和一位推动变法维新的干将，然而其一生还有另一项重大的成就，就是他的诗歌在中国近代诗歌史上所占的重要地位。

黄遵宪的诗歌主张与他政治上的维新改革观点一致。他的思想一开始就代表中国新兴资产阶级的要求，要打开一条出路，为新事物的发展鸣锣开道，表现新思想、新内容，就要改革旧形式。所以，作为政治改良运动的一个有机组成部分的诗歌改良运动，其倡导者虽为梁启超、夏曾佑、谭嗣同等人，但最早从理论和创作实践上给“诗界革命”开辟道路的是黄遵宪。

梁启超在《饮冰室诗话》中评曰：“要之，公度（黄遵宪字公度）之诗，独辟境界，卓然自立于二十世纪诗界中，群推为大家，公论不容诬也。”

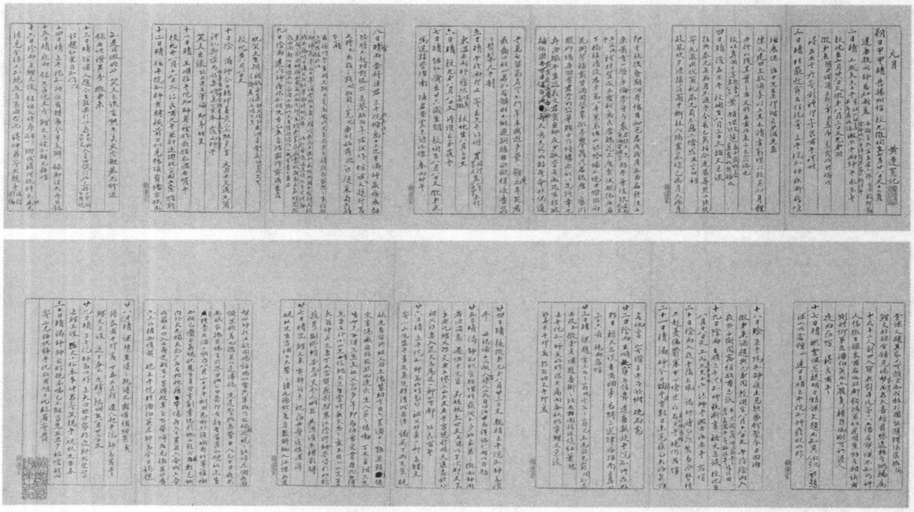

行草书黄遵宪诗《远归》

【家风传承】

黄履丰，字季伟，黄遵宪四子，留学日本，修读经济，回国后任梅县参赞，后迁居香港。

温尚光，北京大学 MBA 硕士导师，中国艺术协会（香港）名誉主席，文化部艺术品评估委员会委员，知名书画家，黄遵宪的曾外孙。

祖辈黄遵宪的“潮”在于乐于接受新事物，这已然成为家族里一脉相承的文化基因密码。温尚光说，连已经一百多岁的老母亲，剪头发都要先在纸上画出不规则的发型，让保姆完成其“设计”；至于外公，当年还是梁启超帮忙安排到日本留学，亦非常开明。“很多老一辈的都有外孙和内孙之分，但是我外公就没有。妈妈的婚事也可见他的开明，我爸爸出身贫农，但二人婚事并没有受到丝毫阻拦。”到如今，温尚光说，他妈妈一生最自豪的是，我们兄弟姐妹以及下一代有 18 个大学生。

至于温尚光，虽然已经年过古稀，但依然保持着对新鲜事物的热衷：他也玩微信，苹果手机他玩得挺溜的。在北京大学李叔同栽下的古树前，他给一众名流讲艺术品鉴定。当时北大传媒学院院长赵为民当场为其赋诗一首：师古师心师造化，写今写意写苍生。纸涂人物虚生实，笔走山川色见空。

【家教名言】

结庐在人境，步屧随春风。

万丈函归方丈室，四围环列自家山。

有三分水、四分竹、添七分明月，从五步楼、十步阁、望百步长江。

——黄遵宪故居人境庐对联

唐绍仪

能上能下，为政清廉

【家族简史】

在清新县唐氏的族谱上，追溯到1205年，宋代唐居俊（号绍尧）率家人由南雄珠玑巷（今韶关境内）迁居至香山釜涌（即今天珠海市唐家湾），到唐绍仪父亲唐永大时已经是第二十代了。八百多年来，唐氏宗支繁衍，人文鼎盛。在清末民初时期的岭南唐氏历史上，唐氏诞生过众多出色的政治家和商业巨子，还有不少引领风骚的文人和艺术家，如唐廷枢、唐绍仪、唐国安等，“唐家湾”因此成为唐氏一族一个光辉的地名。唐廷枢（1832—1892）是唐绍仪的族叔，是中国近代著名的买办、实业家。他力主送唐绍仪去美国留学，得到唐绍仪母亲的支持。

【名人故事】

唐绍仪（1862—1938），字少川，广东香山县（今珠海市唐家湾镇唐家村）人，清末民初著名政治活动家、外交家，清政府总理总办，山东大学第一任校长，中华民国首任内阁总理，国民党政府官员。曾任北洋大学

（现天津大学）校长。唐绍仪自幼到上海读书，1874 年成为第三批留美幼童，赴美留学，后进入哥伦比亚大学学习，1881 年归国。曾任驻朝鲜汉城领事、驻朝鲜总领事、清末南北议和北方代表、民国第一任内阁总理等，为中国主权、外交权益及推进民主共和做出了重要贡献。与孙中山政见产生分歧后，政治消沉，后任中山县县长。上海沦陷后，唐绍仪与各方暧昧不明，引起多方揣测，置自身于险境。盛传日敌拟利用唐绍仪等组织华中伪政府，蒋介石下令戴笠派特务赵理君于 1938 年 9 月 30 日将其刺杀于家中。

在唐家共乐园旁边曾经有座孝子牌坊。相传孝子牌坊源于清朝唐家村民唐文基割肉孝母的典故，皇帝赐予孝子牌匾嘉奖。这一故事在唐家代代相传，据说当年唐绍仪每次路过牌匾，都下车行礼。这个故事流传下来，就成为无形的精神力量，影响着生于斯的人们。

唐绍仪也是唐家湾人重孝的典范。他回老家后，为了缅怀母亲，在与母亲坟墓遥遥相望的位置，建了座房子作为中山县政府的办公场所。办公间隙即可遥望缅怀母亲，唐将其起名为“望慈山房”，而当地人则称其为望母楼，以纪念其重孝之情。

虽曾担任过中华民国第一任总理，但这个光环并未浇灭唐绍仪在更低的职位上为社会服务的热情。1931 年，唐绍仪出任香山县（时已改中山县）县长。他办事群策群力，各项决议均经会议讨论。唐绍仪在乡期间，穿着朴素，平易近人，经常微服察访，及时解决民生问题，时人称之为“布衣县长”。在不到四年时间里，他四处化缘，修马路、建医院，将自家花园对公众开放，甚至还策划在家乡建一个大海港。

唐绍仪同时也热心公益事业。1910 年，唐绍仪目睹清廷腐败，日薄西山，于是退隐还乡，在老家置地 300 亩建私家园林，并以其珍藏的一颗水晶球命名为“小玲珑山馆”。第二年，唐绍仪由孙中山监誓加入同盟会，出任中华民国第一任总理，成为“走向共和”的关键人物。1921 年，唐绍

唐绍仪与孙中山

仪响应中山先生“与众乐乐”的倡议，把私家园林对民众开放，并更名为“共乐园”。他恐日后子孙侵占此园，还举行了赠送仪式，将共乐园赠给乡民委员会，写下字据，除自己签名，妻室子女都在上面签字：“共乐园”为乡亲共有。入园门口有巨石为屏，上有集句联：知者乐水仁者乐山，百年树人十年树木。此联乃名家题写，至今存留。1989 年，其遗孀吴维翘率子女将故居（包括望慈山房）捐献给政府。

【家风传承】

唐绍仪先后娶妻妾四人，生育了六子十三女，其中不乏佼佼者。

在唐绍仪子女中，最出色的要算其长子唐榴了，由唐绍仪的原配夫人张氏所生。唐榴最先任外交部秘书，先后出使过日本、荷兰、新加坡等国，抗战期间任澳门专员，之后一直担任美国驻檀香山总领事。

唐宝珊是唐绍仪的第十三个女儿，经济并不优越，退休后与独子在澳洲靠领取退休金生活。但尽管如此，唐宝珊依然热心公益，她将父亲的“钦差议约全权大臣银牌”“军政府南北议和全权总代表印”和唐绍仪曾经穿过的八龙袍，都捐给了珠海市博物馆，并先后向唐家中学、唐家老人活动中心等捐助钱款。

唐鸿光（1922—2015）是唐绍仪的侄孙。他自小在英文语言环境中长大，1948 年考上北京天主教辅仁大学（Fu Jen Catholic University）。他的老师朱光潜建议他往现代英语的方向发展，但一年后因故转到北大，由于能力出众，被同学选为学校伙食团负责人，专门从事食品采购工作。为了节省生活费用，唐鸿光半年后考入全供给制的北京俄文专科学校，但在该校学习不足一年，即因体力透支引发严重胃溃疡而休学。此后，凭借扎实的英文功底和基本的俄语知识，他进入安徽淮南煤矿工业专科学校（现安徽理工大学）教俄文。1957 年唐鸿光被打成“右派”，关进“牛棚”8 个月。获得自由后不久，又在其后的肃反运动中因家庭出身问题，被打成“现行反革命”，判处 5 年劳改监禁。4 年半后获准释放，于 1963 年回到唐家，靠砍柴种菜为生。1978 年，唐鸿光获得平反，被安排到珠海一中教英语，三年后退休。自 1979 年开始，唐鸿光连续三届担任珠海市政协委员。

他退休后，靠办免费英语培训班为社会服务。这位被媒体称为“民国遗脉”的老人一生热心公益事业，晚年收留过数十位因残疾或贫穷而失学的孩子，残疾儿李计划就是其中一位。他从安徽流浪到珠海，被唐老师收为义子，并在唐的培养和帮助下考上大学。后来，李计划毅然放弃安徽的养鸡场，偕妻儿奔赴珠海，照顾耄耋之年、体弱多病的唐老师。唐鸿光的善举受到广东省和珠海市领导的关注和慰问，对其乐善好施、助人为乐的精神给予肯定与表扬。退休后的唐鸿光多年来义务守护唐绍仪故居，曾经向市博物馆捐赠孙中山 1912 年照片等珍贵文物。

唐鸿光祖父唐绍和是唐绍仪的三哥。唐鸿光的父辈也是民国精英。父亲是唐绍仪侄子、留美归国铁路工程师唐荣祚，母亲是南京临时参议院议长赵士北之女赵丽莲，新会古井人，已故国际知名英语教育家，曾担任过蒋纬国先生的英语教师，生前曾留下许多宝贵的英语教学类文集。

【家教名言】

桐葵荫宅，涂污成徽。

尚学、睦亲、济世。

——珠海唐家湾家训

伍廷芳

伍氏父子，外交精英

【家族简史】

伍廷芳的父亲伍社常又名伍阿彰，早年只身一人加入了19世纪前粤人浩浩荡荡在南洋谋生的大军，去了新加坡。他精明能干，初至新加坡，他为人帮工，吃苦耐劳，渐渐积累下一笔资金，然后由此转做小本生意，开起了一家杂货铺。因经营有方，家境日渐好转。娶妻生子自然是水到渠成。妻子余娜，是一个中国客家妇女、基督教信徒，经常到当地的教堂去守礼拜，祈求圣主保佑家人的平安。

幼年时代的伍廷芳是在母亲的呵护下长大的。当他把稚气的眼光投向世界时，在他面前展现的是一片生机勃勃、绿树参天的景象。造物主的情有独钟，酿造了新加坡这个终年花草盛开、绿树成荫的绿色王国。信奉基督教的母亲以其举止言行，向孩子们灌输着真诚、善良、友爱的做人之道。父亲的终日劳作，则向孩子们展示着“欲求收获，必先勤苦”的成功秘诀。从后来伍廷芳取得的辉煌业绩及其崇尚自然的性格特征看，早年的环境教育、家庭教育起着十分重要的作用。

【名人故事】

伍廷芳（1842—1922），本名叙，字文爵，又名伍才，号秩庸，后改名廷芳。汉族，广东新会西墩人，清末民初杰出的外交家、法学家，是中国近代第一个法学博士，也是香港立法局第一位华人议员。他学贯中西，精通中外法律。通过翻译西方法律，他借鉴近代西方法治原理，在自己拟定的民刑律草案中，提出废除酷刑和刑讯、实行陪审和律师制度等先进主张，产生了深远的影响，推动了中国司法独立与文明审判的进程，作为中国尝试近代西方审判制度的第一人而彪炳中国近现代法制史册。1922 年，陈炯明叛变时，伍廷芳因惊愤成疾，逝世于广州。

伍廷芳于 1842 年 7 月 30 日出生于新加坡。1845 年，伍社常为了让子女接受中国传统的儒家教育而举家回国，定居广州市郊芳村。在伍廷芳 14 岁前往香港求学前的这段时间里，伍廷芳也与同时代的中国孩子们一样，进入私塾，研读四书五经，去追逐一个步入社会高层的梦想。孩童时代的伍廷芳聪明异常，读书一目十行，一览不忘，但对科举高中，兴趣索然。他常常跑到街里书坊，去阅读子书、史鉴和小说。《三国演义》《红楼梦》等都是他十分喜欢的书。后来，他曾对人说过，平生受益皆来自这里。

伍廷芳 14 岁入读香港圣保罗书院，1874 年自费留学英国，入伦敦学院攻读法学，获博士学位及大律师资格，成为中国近代第一位法学博士。后回香港任律师，成为香港立法局第一位华人议员。在中国数千年来未有的大变局中，在新旧政治交替的历史时期，伍廷芳表现得相当从容，从晚清重臣到民国外交总长，他都表现出宽容的心态和沉稳的个性。无论是作为政治家、外交家还是作为知识分子，伍廷芳在历史上都独具一格，与历史同行，与时代共进。

伍廷芳语言严谨。据资料记载，1911 年，伍廷芳为中华民国驻沪全权代表。当时各领事来往公函，皆称中华民国为“Chinese Republic”。伍廷芳说：“此意甚狭，谓‘中国之共和’，即共和为中国局部也。宜用共和之中国 Republic of China，其义甚广，谓共和属于全中国也。”于是，以公函照会各领事，以此英文定名，此后也一直沿用这一英文定名。

伍廷芳曾在武昌起义后，参与南北和谈，为共和积极奔走。在张勋复辟、第二次护法运动期间，伍廷芳对各方军阀一概拒不合作。弥留之际，他仍嘱咐儿子“护法本末，昭示国人”，无一语及家事。

孙中山得知伍廷芳去世的噩耗后，伤心不已，对左右说：“陈逆叛变，祸国殃民，但总长忧劳过度，遂而不起，我们后死者，应同心努力，戡平叛乱，然后可以慰伍总长真灵，完成革命大业。”孙中山甚至还说：“今日伍总长之殁，无异代我先死，亦即代诸君而死……吾军惟有奋勇杀敌，继续遗志，使其瞑目于九泉之下。”

胡适曾对伍廷芳的外交风范做出以下评价：“他在海外做外交官时，全靠他的古怪行为和古怪的议论，压倒了西洋人的气焰，引起了他们的好奇心，居然能使一个弱国代表受到许多外人的敬重。”

学者张云樵亦对伍廷芳进行长期研究，指出伍氏“不论求学及服务香港时期，或北上从政时期，都可看到他那种奋励创拓的精神，正义凛然的人格，和蔼然冲挹的风仪”。他认为“伍廷芳博士为清末外交史上及民初政坛上的杰出人物，他也是一个很伟大的失败英雄。这是凡阅读中国近代史的人，无不同表景仰，而深致惋惜的！”

【家风传承】

伍朝枢（1887—1934），字梯云，意蕴“朝廷中枢”“梯接青云”，祖籍广东新会，出生于天津，是伍廷芳的儿子，与伍廷芳被称为民国著名的“父子档”外交部长。父子同朝，子佐父政；父亲去世，子承父业。他自幼受到良好教育，虽不及父亲功标青史，但在制定对外政策、健全外交部内制、废除不平等条约、保护华侨等方面，贡献良多。1934年1月3日伍朝枢病逝于香港，享年47岁。

驻美公使伍朝枢

清光绪二十四年（1898年），伍朝枢早年随出任驻美公使的父亲伍廷芳赴美，接受完整的美国小学和中学教育。光绪三十二年（1906年），归国居于京都，攻读国学。1908年，取得官费生资格，赴英国伦敦大学攻读法律，因成绩优异连获皇家法院奖学金和大学奖学金，以第一名的成绩毕业，获法学学士学位。后又转入林肯法国研究院深造。毕业后，在 1911 年的英国大律师考试中，取得英国律师资格，名震一时。

在国民政府任职期间，他为中国收回关税自主权、废除“治外法权”不遗余力。深谙中国幅员辽阔、施治困难之弊，伍朝枢并未贪恋高位。他曾穷数年之功，对县镇规划建设进行深入研究，欲投身边区开发。

伍朝枢对广州市政建设也做出不少贡献。1925 年，刚上任的广州市政委员会委员长伍朝枢（相当于市长）建议，将海珠石改为公园，改建后的海珠公园周围有数以千计的以小船为生的水上人家，成为广州的一大特色。同年，广州发生“沙基惨案”。伍朝枢身为广州市政委员会委员长苦心调度，每月从财政中调拨大量财物，将查禁的烟馆、赌馆、妓馆等作为工人宿舍，组织罢工工人拓建从广州到黄埔的马路，热心解决十多万省港罢工工人的吃住问题，使省港大罢工坚持 16 个月之久。

1922 年伍廷芳死后，政府将其葬于先烈东路一望岗。1934 年，伍朝枢猝死于香港，后人将他与其父合葬。1988 年，因建设需要，伍氏父子墓一起移葬于越秀公园。伍廷芳墓亭内立有孙文撰《伍廷芳墓表》碑，而其子伍朝枢的墓亭内墓碑则为其子女所立，碑文简单：“显考讳朝枢号梯云伍公墓”。

建立司法独立、外交平等的现代法治国家，可谓伍氏父子二人毕生之夙愿。他们以独立自尊的人格精神、尽忠职守的职业道德，见证了一个民族从屈辱走向自强的历程。他们的理想与卓识，至今仍焕发着不朽的光辉。

【家教名言】

近日心中悟得一妙理，凡人之害我者决不可存报复之心。报复之心犹如毒箭，射出去还会再返回来，因之，报复无异于自杀。

——伍廷芳

商贾

【务实谋经营】

潘振承

世界首富，精于商道

【家族简史】

广州经济闻名于世，始于清朝的十三行。而十三行的推动和实施，则始于潘家。在十三行独揽对外贸易的 85 年间，潘家作为十三行首领长达 39 年。

潘振承于清康熙五十三年（1714 年）出生于福建省泉州府同安县白礁乡栖栅社，其父潘乡是一个地道的农民，潘振承是他五个儿子中的老大。潘乡为供五个儿子在文圃书院（在今龙池岩，南宋大儒朱熹曾在此讲学）读书，早出晚归，勤劳作息，为少年时代的潘振承树立了吃苦耐劳的榜样。潘振承从小勤劳好学，但为了分担父亲的重担，在雍正五年（1727 年）解除海禁后，就辍学到海边给人当船工，从此揭开了他传奇一生的序幕。

【名人故事】

潘振承（1714—1788），字逊贤，号文岩，又名启，外国人称其为潘启官（闽南语发音：Puankhequa），福建省泉州府同安县白礁（今福建漳州台商投资区角美镇白礁村潘厝）人。青年时期自闽入粤，从事海外贸易。由于诚信经营、眼界开阔、经营有方、敢为人先，其积累的雄厚财富足可敌国。他创办的同文行延续四代，后代继承遗产超过 2000 万元（墨西哥银元，约折 1400 万两中国白银）。乾隆二十五年（1760 年），潘振承被清政府选为广州十三行商总（即行商首领），是连续出任商总时间最长的洋商，后来他被《法国杂志》评为 18 世纪“世界首富”。

潘振承敢为人先，三下吕宋（今菲律宾）经商。给当地船老大当雇工后，为了挣更多的钱，他吃苦肯干，得到船老大的认可和欣赏，慢慢把他培养成为一名优秀的舵手，为其远航和经商奠定了基础。虽然海上作业极具危险性，但靠山吃山，靠海吃海，在父亲的鼓励下，他冒着风高浪大和被海盗抢劫的危险，三次凌飙破浪，驾船南下吕宋，贩卖茶叶、丝绸、瓷器等物品给西班牙、英国、葡萄牙等国商人，获利颇丰，积攒了他人生奋斗历程的第一桶金。

潘振承在青年时辗转来到广州。初到广东时，他在十三行一位陈姓商人的商行里做事，获得信任和全权委托。后他开设了自己的第一家商行——同文行，迅速发家致富。同文行成立十余年后，乾隆帝一道“一口通商”的上谕，给潘振承创造了巨大的发展机遇。

潘振承诚信经营，行商大器晚成。由于擅长外语，潘振承与外国商人做生意可直接对话，比其他行商经翻译对话更有优势。许多外国商人喜欢跟潘振承进行贸易往来，主要因为潘振承笃守诚信的经商精神，对质量不好的商品给予退赔，维护了商号的信誉。因此，潘振承被外国商人称为“最可信赖的商人”，是“行商中最有信用之惟一人物”。有了良好的信誉，外国商人经常预付定金给潘振承，而且预付款都在 10 万两白银（1 万两白银等于 200 万英镑）以上，最多一次预付款达到 60. 15 万两白银。1753 年，潘振承与英国东印度公司做成一笔贸易数额相当大的生意：生丝 1192 担、丝织品 1900 匹、南京布 1500 匹；仅生丝一项贸易额就达 20. 86 万两白银。乾隆二十二年（1757 年），清政府关闭闽、浙、沪海关，在广州实行“一口通商”制度，规定“茶叶、生丝、土布、绸缎”出口，只能由洋商经办，使同文行等洋行获得了跨国垄断贸易的特权。当年 6 月，一艘西班牙商船运来约 20 万两西班牙银元，全部从潘振承手中购买大批南京布、丝织品和生丝等。有了雄厚的资金和源源不断的订单，潘振承的生意越做越大，越来越红火。到18世纪60年代初，潘振承更加富有，逐渐成为广州洋商首富。乾隆二十五年（1760年），豪富的潘振承被清政府选为广州十三行总商（也称商总），后来更成为连续出任总商时间最长的洋商。

潘振承乐善好施，遵循儒商之道。富裕起来的潘振承自始至终遵守清王朝的禁律，拒售鸦片，照章纳税，每年向清政府缴纳5.5万两税银，还经常捐银助军，最多一次捐献了30万两白银充当军饷。在处理商务的同时，潘振承也经常捐资助学，鼓励子弟认真读书，参加科举考试。

潘家从潘振承开始，三代以经营丝、茶为主，财雄势大，资压群侪，并热心社会公益慈善之事，潘氏三代均受到华商绅士文人拥戴。

【家风传承】

对潘振承来说，要想在风险重重的大环境下保证商业上的成功和家族的安全，就一定要有能干的继承人，其中最重要的就是好好培养自己的几个儿子，使他们扛得起重担，担得起大任。据潘振承之孙潘正威所说，潘家自来就有“奉姑就养楚庭侧，日课女红夜仍织”的家训。潘振承的几个儿子一满5岁，就得进入家塾苦读，他的二儿子潘有为就曾留下“五岁就傅授我书，冀我奋作千里驹”的诗句。当然，财力雄厚的潘家，请来的老师也是岭南数一数二的名士，但孩子们要是不好好读书的话，估计一样要挨老师的板子。

潘家的富二代个个发奋苦读，但父亲给他们的使命各有不同：其中既得有人接过他的担子，操持同文行的一整盘生意，还得有人苦攻科举，争取入朝为官，承担起保护家族的重任。

潘振承关于后代的这一盘棋下得很成功：1770年，他的次子潘有为考中了举人，两年后又考中进士，之后还当上了内阁尚书，并参与了《四库全书》的点校。潘有为入朝为官，大大方便了潘家与各界名流结交，各位地方大员也要对其客气三分，与潘府私交密切的人中更有不少是这些地方大员的智囊。很多时候，潘家得以通过他们获得各种至为重要的信息，以此来评估风险和机遇。

潘振承的另外一个儿子潘有度（1755—1820）则成功地继承了同文行的全盘生意。潘有度有着与他父亲一样稳健的风格，虽说同文行的财富已是十三行之冠，但他还是设法使自己排在其他两个行商之后，以免树大招风。只是后来位居前列的两个行商先后破产，潘有度才勉为其难地承担起了“首商”的责任。根据潘刚儿、黄启臣和陈国栋三位教授编著的《潘同文（孚）行》一书记载，英使马嘎尔尼出访中国时，曾分别与潘有度与另一位行商石中和见了一面。他发现潘有度不过戴了一个普普通通的白色半透明的顶子，而石中和却戴了个富丽堂皇的水晶顶子。马嘎尔尼很快发现了其中的缘由：潘启官（潘有度沿用“启官”这一商名）比较审慎，而石鲸官（石中和的商名）却很爱炫耀。后来，石中和因为挪用英国东印度公司的巨额资金，被官府关进大牢，严刑拷打，下场十分凄惨；而在潘有度的尽心呵护下，同文行的生意虽然也时有波折，但多半有惊无险，从未陷入真正的窘境。在这一点上，潘有度也有着与查理·芒格同样的智慧，他竭尽全力，使各种风险“可计算，可控制”。芒格自嘲是“两脚书橱”，善于从历史中汲取各种智慧，潘有度在这方面也不比他差。当时的知名学者、林则徐的智囊之一——学海堂堂长张维屏曾说潘有度“暇日喜观史，尤喜吟哦”，这当然也得归功于自幼良好的家庭教育。

潘家出息的富二代并不止潘有为与潘有度两个人，潘振承的小儿子潘长耀也颇有商业才能，后来自立门户，创办丽泉行。丽泉行的生意一度十分成功。后来，因为被美商拖欠巨额资金，潘长耀还曾一纸诉状，告到华盛顿，打了一场国际诉讼。

在潘家，不仅富二代的表现十分出色，富三代、富四代里也多有成功之辈。潘家后代里出了三个翰林、五个举人，而载入近编的《广东历史人物辞典》者更多达 20 人，他们分别为诗人、书法家、文学家、评论家、画家、鉴藏家、教育家，可谓满门书香。

【家教名言】

奉姑就养楚庭侧，日课女红夜仍织。

成人莫道成人易，守业方知创业难。

——潘正威（潘振承之孙）

伍秉鉴

行商领头，豪爽仁慈

【家族简史】

伍秉鉴的先祖在康熙初年由福建泉州迁至广东广州，入粤以后，开始在莲花山以种茶为业，后开始经商，是被允许与外国人交易丝绸和瓷器的少数中国商人之一。伍秉鉴的父亲伍国莹曾在广州首富潘振承家中做账房，1783 年开设怡和洋行而成为行商。与潘振承一样，伍家的祖籍是福建泉州府。作为广州十三行后起的福建商人，他将福建人在广州的势力推向了另一个高峰。

伍国莹的商名叫伍浩官，所谓商名就是做贸易的时候人家这么称呼他的名字。他的第三个儿子伍秉鉴出生后起乳名为阿浩，他便用了“浩”字，把自己的商名定为伍浩官。该商名一直为其子孙所沿用，成为 19 世纪前期国际商界一个响亮的名字。1777 年，英国的东印度公司已经有了与浩官做茶叶交易的记录，后来他慢慢积累了人脉、经验和资金，后来伍国莹开始重出行商，参与经营元顺行。所以，伍氏的后人认为“怡和行实以国莹为始祖”。

伍国莹虽然精明能干，但很不顺利，经营元顺行以后，他遭遇了跟英国人、粤海关的经济纠纷，也许因为这个原因，伍国莹有些无心恋战，便很快地把业务交给了他的第二个儿子伍秉钧。伍秉钧非常能干，他接过这个行务以后就正式地创办了怡和行，“怡”字取的是第四代的伍章茂（字怡伟）的字。然而很可惜的是，伍秉钧于35岁的时候病逝，1801年，32岁的伍秉鉴接手了怡和行，并迅速成长为广州十三行的领袖人物。

【名人故事】

伍秉鉴（1769—1843），字成之，号平湖，别名敦元、忠诚、庆昌，祖籍福建。到伍秉鉴的父亲伍国莹时，伍家开始参与对外贸易。他于1801年接手父亲创始的怡和行，通过同欧美各国的重要客户建立紧密的联系，并依靠超前的经营理念在对外贸易中迅速崛起，伍秉鉴成了广州行商的领头人——总商。伍秉鉴不但在国内拥有地产、房产、茶园、店铺等，而且他还大胆地在大洋彼岸的美国进行铁路投资、证券交易并涉足保险业务等领域，同时他还是英国东印度公司最大的债权人，东印度公司有时资金周转不灵，常向伍家借贷。正因为如此，伍秉鉴在当时西方商界享有极高的知名度，成了洋人眼中的世界首富，曾被一些西方学者称为“天下第一大富翁”。

伍秉鉴在西方商人的眼里享有不错的名声，众多关于伍秉鉴的趣闻逸事也在当时外商中流传甚广。其中一个故事，使他成了中国商人慷慨大方的象征。据说当时一个美国波士顿商人与伍秉鉴合作经营了一项生意，但由于经营不善，欠了伍秉鉴7.2万银元的债务。然而他又一直没有能力偿还这笔欠款，故也无法回到美国。伍秉鉴知道此事后，并没有为难这个商人，而是叫人把借据拿出来，对波士顿商人说：“你是我的第一号‘老友’，你是一个最诚实的人，只不过不走运。”说完，他就把借据撕得粉碎，并向对方表示他们之间的账目已经结清，对方可以随时离开广州回国。伍秉鉴这个惊人的举动，让伍浩官的豪爽名声在美国脍炙人口达半个世纪之久。

事实上，伍家所积累的财富是惊人的。据1834年伍家自己的估计，他们的财产已有2600万银元，按照国际银价换算，这个数目相当于今天的50亿元人民币。而且，伍家在珠江岸边的豪宅，据说可与《红楼梦》中的大观园媲美。

作为封建王朝没落时期的一名富商，伍秉鉴所积累的财富注定不会长久。就在他的跨国财团达到鼎盛时，一股暗流正悄然涌动。1840 年 6 月，鸦片战争爆发。尽管伍秉鉴曾向朝廷捐巨款换得了三品顶戴，但这丝毫未能拯救他的事业。由于伍秉鉴包庇外商走私鸦片，他曾遭到林则徐多次训斥和惩戒，还不得不一次次向清政府献出巨额财富以求得短暂的安宁。《南京条约》签订后，清政府在 1843 年下令行商偿还 300 万银元的外商债务，而伍秉鉴一人就承担了 100 万银元。1843 年 9 月，风烛残年的一代世界首富伍秉鉴溘然长逝，终年 74 岁。

伍秉鉴死后，曾经富甲天下的广东十三行开始逐渐没落。许多行商在清政府的榨取下纷纷破产。更致命的是，随着五口通商的实行，广东丧失了在外贸方面的优势，广东十三行所享有的特权也随之结束。第二次鸦片战争爆发后，又一场突如其来的大火降临到十三行街，终于使这些具有 100 多年历史的商馆彻底化为灰烬。

【家风传承】

1826 年伍秉鉴把怡和行的行务交给了他第四个儿子伍受昌，但是，伍受昌 33 岁就去世了，他在 1833 年就把行务交给了伍受昌的弟弟伍崇曜。但是，不论是伍受昌还是伍崇曜，他们在经商的过程中，实际上后面一直背靠着一棵大树，就是他们的父亲，也就是怡和行实际的掌门人伍秉鉴。

伍家祖孙三代一共有五个浩官，这五个浩官都很有名气，但是，其中最重要的还是伍秉鉴和伍崇曜，伍秉鉴是第六代，伍崇曜是第七代。伍浩官的名字享誉世界，连德国的思想家卡尔·马克思的著作里也提到伍浩官这个名字。

伍家的族谱现已失传，只能找到荔湾区地方志中的部分族谱，其中就有伍丕舜和伍凌立的名字，他们分别是伍秉鉴的第六代和第七代。

据伍凌立说他的父亲伍丕舜曾经在美国留学，回国之后在华南农业大学担任教授，已经在 2001 年去世了。另外在伍家的已知后人中，还有一个是东方宾馆的大厨，一个则从加拿大归国。

伍丕武（1921—1953），伍秉鉴第七代后人，生于广州。中学时积极参加抗日救亡运动，在反日寇扫荡的一次袭击日军战斗中，全队人马被猛烈的炮火袭击，仅他一人幸免于难，但双耳被震聋。1953 年 11 月病逝，享年 32 岁。

【家教名言】

You an I are No. 1 old flen, you be long honest man, only go no chance. Just now have set tee counter, all a finishee, you go.（你是我的第一号“老友”，你是一个最诚实的人，只是运气不好。现在债务一笔勾销，你回国去吧。）

——伍秉鉴处理和外国人的交易问题

说明：伍秉鉴撕掉那张 7.2 万银元的借据时说的这段话成为在外国商人中广泛流传的名言。但这几句话是中式英语的读音，语法也完全是中国化的。

郭氏兄弟

创始永安，扶助国货

【家族简史】

郭家是竹秀园村的大族，自宋代起始祖郭致政就定居香山，传至郭氏兄弟时已是二十三世。明嘉靖年间（1522—1566），郭秀峰从槎桥村（现属东区）迁入位于中山良都的竹秀园村。一直以来，郭家愚笨者种田，有学识者经商，祖祖辈辈就过着这样的生活。自十九世芸溪公始，郭家经商致富的人逐渐增多。二十世明伟君更是郭氏全族人人称道的实业家和教育家。永安郭氏指的是竹秀园旅澳洲华侨郭乐、郭泉、郭葵、郭浩、郭顺五兄弟。郭氏五兄弟本来还有个大哥，名叫郭炳辉。郭炳辉年轻时便到澳洲谋生，可惜早亡，留下五个弟弟在乡中随父亲郭沛勋务农。1892 年，洪水为患，年仅 18 岁的郭乐迫于生活，远赴澳洲谋生。随后，郭泉去了檀香山，其余三个弟弟也陆续到了澳洲，郭氏兄弟的事业由此开创。

【名人故事】

郭乐及其兄弟先后于 19 世纪末从中山南区竹秀园走出，赴澳洲谋生，之后一路奔波，以华侨工商实业家的身份在香港、上海等地构建起永安百货“帝国”，并由此成为“中国近现代百货业的重要开拓者之一”。郭乐创办的永安百货公司与先施公司、新新公司、大新公司一道被列为四大百货，开中国近代百货业的先河。他以自己特有的经营法则及认真的实践，震撼了当时的国内工商界，也成就了他充满传奇的一生。

郭乐（1874—1956），字鸾辉，号景崇。1892年到澳洲后，最初在悉尼市郊菜园当佣工，后改业蔬菜小贩，不久转做批发。1897年，他与几个乡亲合资开设永安果栏，被推为司理，开始了经商生涯。不久，永安果栏与永生、永泰两果栏合并为生安泰果栏，为了保证货源，他们在斐济开辟了一个面积达数百亩的果园，大量种植香蕉等水果。该果栏除经营水果外，还兼营进出口贸易，主要是中国的鞭炮、花生、核桃和荔枝干，澳洲的木材、牛皮等。生意越做越大，打下了雄厚的经济基础。

郭乐为人忠厚，诚恳，光明磊落，所以永安信誉日隆，业务蒸蒸日上。旧中国积贫积弱，在国际上没有地位，华侨在海外备受歧视。郭乐深深地感到华侨的命运与祖国的兴衰息息相关。另一方面，他对外国人经营百货公司的方式十分赞赏，因此产生了回国开创百货公司的念头。他在华侨中集股16万港元，先由郭泉向港开拓，于1907年在香港创办了永安百货公司等股份有限公司，雇请员工约60人，郭乐任董事局主席，郭泉任总经理，主要经营钟表、时装、化妆品、衣料、洋酒、烟草、乐器、厨具、家私、玩具和体育用品等。

民国时期的永安公司

1915年，郭乐将经商目标转向内地商业最发达的上海。时值中华民国成立不久，广大华侨都希望自己的祖国从此繁荣富强，纷纷踊跃投资。郭乐在华侨支持下，共集资200万港元，开始了上海永安公司的筹办工作。上海分公司的筹办工作最初由郭葵负责，一年多后，郭葵因病去世，郭乐亲自前往主持。1917年，上海永安百货公司开业，同时开业的还有大东旅社和天韵楼。

自鸦片战争以来，上海成了国际贸易的大商埠，各国商人和侨民多来此经商。国内的富商巨贾、官僚政客也把上海作为他们的乐园。这些人的衣食住行都效法西方大都市的资产阶级生活方式。郭乐正是看准了这样的营商环境，先是采用形式多样的广告宣传，以产生强烈的社会影响，再加上公司所售商品质量好、品种多、服务周到，从公司开业的第一天起，确定了以“统办环球货品发售，输出中华诸般土产”的营业方针。永安公司最初经销的商品以进口货为主，搜罗了世界各地最有特色的商品。整个商场成了世界各国名牌商品的陈列所。郭乐很注重商品的信誉，废除了讨价还价的陋习，实行明码标价，做到货真价实。对于外国厂商和洋行来推销的一些新颖商品，郭乐常约定包销，即永安公司订购一大批货，而要求他们在一定时期内不卖给其他百货公司。这样一来，永安公司不仅可以把卖价定得很高，而且容易推销。这就吸引了富有的顾客常来公司光顾，买些新奇的商品。

郭乐强调货物的周转是“公司命脉的关键”，所以他制定了一条经营原则，叫作“货如轮转”。因此他努力在“办货”“推销”两大环节上下好功夫，注意市场行情的涨落、商品信息的回馈，甚至还用上了请歌舞表演、附带赠品及定期大减价等吸引顾客的手段。

在郭乐的生意经中，很重要的一条就是“千方百计让顾客称心如意”。他身为监督，事无巨细，亲自过问，并相当注意管理人员的素质，职员的薪水都高于其他同行。所以公司职员都忠心耿耿，尽心效力于公司。

郭氏集团生产的布料，大部分由永安公司经销，走出了一条逐步以国货代替洋货、自产自销的道路。更值得一提的是，郭乐对已建立产销关系的某些资金困难的国货工厂，总是尽力给予支持和扶助。1934 年秋天，郭乐在永安商场四楼开辟了国货商场，代办国货寄售业务。后来他又在永安公司旁边建造新厦，筹办规模巨大的国货商场，但因上海“八一三”战事发生，永安国货商场未能开张。而这些国货陆续在永安公司销售，增加了国货的比重。

郭顺（1885—1976），字和辉，号景春，是郭乐的六弟。1901 年由二兄郭乐召往澳大利亚。郭顺初到悉尼，在郭乐的安排下送往华侨李近冬开设的聘记商行当学徒。该行以贩运羊毛和牛皮为主，兼营杂货。年轻的郭顺工作卖力，工作量常数倍于他人，深得老板赏识。郭顺在商行工作三年后，1909年因郭乐回国，本属郭乐的永安果栏便交由郭顺全权打理。1922年，郭氏集团于上海成立永安纱厂，由郭顺任总经理。以后永安一厂扩展到五厂，1935年又建成了大华印染厂，共拥有25万纱锭、1500多台织布机、1.3万多人的雄厚实力，成为国内首屈一指的私营纺织企业。

郭泉（1875—1966），字凤辉。1894年赴檀香山谋生，先在一家英国律师行及英国领事馆当佣工并学习了英语和夏威夷土话，一年后转往当地的英国领事馆工作，后又自己经营小生意，但发展不尽如人意。于是，他返回家乡生儿育女。两年后，郭乐由于永安果栏的业务大力发展，力邀郭泉去澳洲主持业务，他便回到哥哥的生安泰果栏里当经理。在此之前，另外几兄弟郭葵、郭浩已先入澳洲，除了早逝的大哥郭炳辉外，郭家兄弟开始齐聚一堂，共同创业。

【家风传承】

郭乐的侄子郭棣活（1904—1986），于1927年在美国麻省纽毕德佛学院纺织工程专业的毕业考试中获得全院第一，获美国棉纺同业组织奖牌，同年回国。1928年，任永安纺织二厂参事、永安纺织三厂工程师。上任后，他运用西方的先进技术对全厂的设备进行改造，改善工人的劳动条件，扩建厂房，增加纱锭，工厂面貌大为改观，成为具有63万纱锭的大型纱厂。1929年郭棣活任上海永安纺织公司副经理，负责整个永安纱厂系统的技术指导和生产管理。任职期间，多次赴美、英、日、德、法等国参观学习，并采购各种纺织机械和生产原材料，永安纺织公司发展成为具有5个纺织厂、1个印染厂的全国数一数二的棉纺织印染企业。1951年当选上海市工商业联合会监察委员会委员和上海市棉纺织工业同业公会主任委员。在抗美援朝中，带头捐款，推动同业完成捐款95亿元（旧人民币）。同时将价值250万美元的纺织机械设备和原材料运回祖国，支援国家建设。

另一后人郭琳爽（1896—1974），又名启棠，广东香山（今中山）人，郭泉之子。1921年在广州岭南大学毕业后进入永安公司工作，1923—1927年受父亲委托，多次到海外考察商业，1929年升任上海永安公司副司理，1933年起任总经理。

永安百货现在由香港郭氏后人经营，有5间分店。掌管者为郭乐的兄弟郭泉的后人。目前，居住在香港和国外的郭氏家族成员有230多人。近年来，家族中的大部分成员都回过家乡。

【家教名言】

统办环球货品发售，输出中华诸般土产。

——永安公司营业方针

对于欧美货品能择其适于我国人之所嗜者，一一仿效而改之，务使精益求精，不让外人以专美。

得罪一个顾客，就等于赶走了10个顾客；接待好了一个顾客，等于从竞争对手处抢来了10个、100个顾客。

凡是名牌商品，只要顾客叫得出，在公司里几乎都可以买得到。

顾客永远是对的。

千方百计让顾客称心如意。

简氏兄弟

烟草巨擘，商界师表

简照南

简玉阶

【家族简史】

五代十国时期，为避战乱，简氏第一代简一山从河北涿州（今河北省涿州市，北京市昌平区、房山区一带）迁入岭南，为简氏入粤始祖。简文会，简一山之子，简氏第二代，奉父命到南海县黎涌定居，粤东简氏黎涌系由此肇始。

简文会从小聪颖勤学，远近称之为才子。南汉乾亨二年（918 年），高中状元，被称为“佛山历史上第一个状元”。简文会生性耿直不阿，深得南汉开国皇帝刘䶮的赏识和同僚的敬重，加上政绩突出，官至兵部尚书右丞相。

简氏祖祠为纪念南汉状元简文会而建，由简氏兄弟倡导建设。

【名人故事】

20 世纪初，中国出现了两位出自佛山的著名实业家和爱国华侨——简照南、简玉阶兄弟。兄弟二人共同创立的南洋兄弟烟草公司，是中国建立最早、历史最长的民族烟草企业。

简照南（1870—1922），字肇章，号照南，生于广州府南海县（今佛山市禅城区澜石镇）。简照南是民国著名实业家，创办南洋兄弟烟草公司，曾任上海东亚银行董事、上海总商会会董和上海华侨联合会董事等职。简照南17岁到香港，在叔父简铭石开的“巨隆号”瓷器店学做生意，不久便派他长驻日本收理账款。清光绪十九年（1893年），简玉阶随兄到日本经商。不久二人在曼谷开办怡生兄弟公司经营百货，赚了大钱，随后又开办了顺泰轮船公司，由租船航运到自购船承办海运，航线遍及东南亚各地，成为东南亚一带有信誉的华侨商人。

简玉阶（1875—1957），简照南的弟弟，民国著名实业家，曾随兄到日本经商，其后一起创办南洋兄弟烟草公司。简玉阶曾先后出任中央人民政府经济委员会委员、广东省人民政府委员、中南军政委员会委员、第一届全国人民代表大会代表。

佛山紧靠广州，交通便利，在明清时代就是全国闻名的手工业区，商业也比较发达。简氏兄弟的父亲简汉达靠着从事建筑业养活一家人，但随着西方列强的军事、经济侵略，中国逐渐变成了外国资本家倾销商品的市场，佛山的手工业也开始衰落。终于在简照南上小学的年纪，简汉达就因劳累过度而告别了人世。家里一下失去了顶梁柱，母亲潘氏用模具捏制泥茶煲出售，挣得微薄的收入，养活简氏兄弟5人，日子过得很拮据。13岁的简照南懂事地向母亲提出不再去上学，身为长子，他要以稚嫩的肩膀分担家庭的重担。于是，简照南每天清早脚蹬草鞋，手握利斧，上山砍柴，到傍晚背着沉重的柴捆下山。晚上，他又在微弱的豆油灯下，自学学校的功课。他牢记着父亲生前的教诲：人穷志不短，才能成大器！要想做一个对社会有用、出人头地的人，首先要有知识、有学问、有真本领！年轻的简照南从书本上认识了大山外面的世界，也期待着能有一天走向山外的世界。

简氏兄弟虽读书不多，却自幼聪明伶俐，又肯学肯吃苦。他们到达日本后，对做生意很快上手，并展现出经商才华。清朝末年，国内市场上洋货充斥。当时，中国的有识之士纷纷走上实业救国、积极寻找发展民族工商业的新道路。在这一历史过程中，涌现一大批杰出的民族实业家，简照南、简玉阶就是其中的佼佼者。与其他同时期的企业一样，简氏兄弟创立的南洋兄弟烟草公司带有鲜明的爱国特色，自诞生起便与英美烟公司进行生死较量，打破了英美烟公司垄断中国市场的美梦，促进了民族工业的发展。

自从 17 世纪初烟草由菲律宾传入中国，中国就有人吸食烟草，而且在很多地区种植烟草。烟瘾大的人宁可少吃一顿饭，也不肯少吸一袋烟。但是中国人过去只习惯于用水烟袋吸水烟或用旱烟袋吸旱烟，并不生产香烟。19 世纪末，外国香烟开始大量涌入中国。外国烟商雇用了大批中国人担任推销员，在街头推销“洋烟”，不但当场表演吸洋烟，而且免费散发请人品尝。这些人一旦吸惯了香烟，就只好自己掏钱去买来抽了。由于腐败的清政府对外国香烟不征收进口关税，英国和美国的烟商获取了丰厚的利润。为了进一步垄断中国这个巨大的香烟市场，并利用中国的廉价劳动力和烟草资源生产香烟，牟取更高的利润，1902 年，英美烟商联合起来，成立了驻华英美烟草有限公司，并很快在上海、香港、汉口、沈阳等地开设了烟厂，还建立了伸向全国城镇的销售组织。一时间，“大英”“老刀”“哈德门”“三炮台”等洋烟铺天盖地而来，残酷地榨取中国人民的财富。目睹国内市场被洋货占领，简氏兄弟甚感痛心，外国烟草公司每年“攫我千万金钱以去”，既然中国能种植烟叶，又有着广阔的香烟消费市场，为什么就不能自己生产香烟呢？为什么要让这巨大的财富被外国人轻易赚去呢？他们认为国人应携手“杜塞漏卮，挽回利权”，于是决定创办中国的民族香烟工业，抵制西方的洋烟，让中国人都吸中国烟。

1905 年正月初八，广东南洋烟草公司在香港正式成立。公司取名南洋，是为了表示要和当时中国人在天津开设的北洋烟草公司一致对外的意

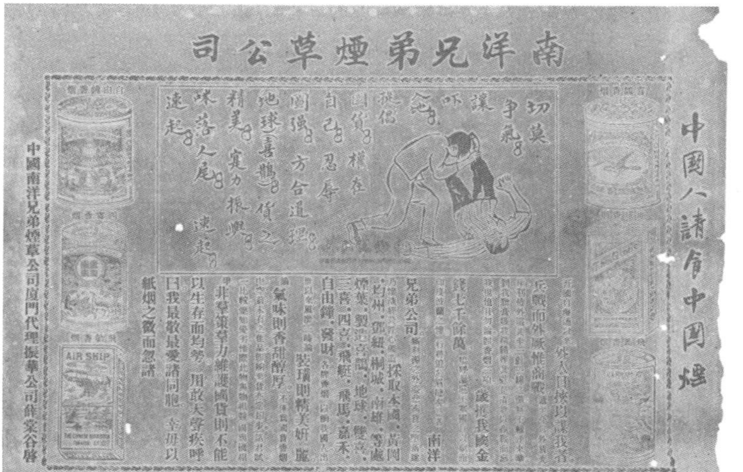

民国时期南洋兄弟烟草公司广告

思。在成立大会的会场上，挂着醒目的大标语：“肥水不落外人田，中国人请食中国烟!”

1909 年 2 月，公司改名为“南洋兄弟烟草公司”重新开业。1919 年，南洋兄弟烟草公司的资本积累达到 600 多万元，呈现一派兴旺景象。五四运动爆发后，全国人民爱国反帝的热情空前高涨，南洋公司提出的“中国人请食中国烟”的口号更加深入人心，产品销售额的猛增，刺激着生产规模的扩大。南洋公司也逐渐从一间小作坊成为中国最大的烟草企业，与全球烟草巨头英美烟公司分庭抗礼。简氏兄弟由华侨商人，一跃成为全国卷烟工业的巨擘，简照南以其在实业界的声望，任上海总商会会董和上海华侨联合会董事等职。

作为近代著名实业家，简氏兄弟同样热心公益事业，坚持“金钱者多取为厉，须能聚能散，自社会取之，当为社会用之”。1915 年广东遭遇特大洪水灾害，珠江三角洲多处地方成泽国。简氏兄弟马上在广州捐出巨资和数十万斤大米，以公司名义组织赈灾。家乡房屋包括简氏宗祠被洪水冲毁，简氏兄弟则出资重建村子，不分亲疏与贫富，统一规划、统一分配给家乡族兄。

他们对教育事业的扶助尤其引人注目，因为少年时代曾经身受因家贫而失学的痛苦，后来在振兴实业过程中，又深深感到技术的重要，所以认定“兴学育才”是国家富强的根本。在简照南的倡导下，南洋公司曾经捐巨款资助暨南大学、南开大学、武汉大学及复旦大学建造校舍。这些名牌大学的校史上，永远记载着南洋公司的功德。此外，他还在香港、上海开设职工子弟学校、残疾人收养院和孤儿教养院等。由于这些事业，简照南赢得了社会各界人士的尊敬和爱戴，获得“南洋菩萨”的美誉，堪称商界师表。

正当事业的鼎盛时期，简照南因积劳成疾，不幸于 1922 年 10 月在上海病逝，终年 52 岁。简照南去世后，简玉阶继续经营其兄开创的实业，接任公司总经理，致力于公司的发展并兼上海康元五彩花铁印刷制罐厂、联合影业股份有限公司及中国油灯公司董事。

新中国成立后，简玉阶被选为中国人民政治协商会议中 15 名工商代表之一，随后被任命为国务院财经委员会委员、中南军政委员会委员、广东省人民政府委员，后又被选为全国人民代表大会代表，直至 1957 年去世，终年80岁。

【家风传承】

简氏第三十二代后人、简照南的侄孙简英贤说，简氏家族起源于大夫之家，族规及家法甚严。在《粤东简氏大同谱》中专门有《家训谱》一卷（卷八），其中载有祖训格言："行孝弟，存忠厚，贵朴实，勉勤俭，严族法，防赌博，戒酒色，察刻薄，端闺门，正立嗣，谨称谓，尚含忍。"共十二条，对族人的品德和言语、行为都提出了严格的要求。

"简氏家族还有一个特点，就是重视教育，热心办学。不管是在家乡石湾，还是在广州，或是在香港、上海等地，只要是简氏兄弟去过的地方，几乎都会留下办学的痕迹，虽然多数学校如今已经没有踪影，但是简氏家族的教育精神依然留存。"简英贤说，简氏族谱中明确提出："宗族光昌必由人才，此人才必由学而成，则劝学为其要。"

按族规，小孩满八岁就要开始学习礼节，读《朱子》《小学》；子弟为学必先立志；"择师从学当有课程，要察其勤惰、验其生熟，使之发奋昂扬，庶几成就"。正因此，简氏一族可谓人才辈出。

"我们这一房的简氏家族确实从一开始就是真正的望族，简氏始祖简师甫是贵族，简一山的儿子简文会是状元，简照南、简玉阶是简文会直系第三十代子孙，都是赫赫有名的人物。我们则是第三十二代。只是现在，大家都已经散落各地。"

作为老一辈留在香港的后人，简英贤尽最大力量写下自己的家族史。他说："但是我担忧，简氏家族的很多后人都在美国、加拿大，他们都讲英文，不会中文，怕他们看不懂，担心族谱由此而断。"为此，简英贤如今还把家族史翻译成英文寄给国外的简氏后人们。

【家教名言】

肥水不落外人田，中国人食（吸）中国烟！

行孝弟（悌），存忠厚，贵朴实，勉勤俭，严族法，防赌博，戒酒色，察刻薄，端闺门，正立嗣，谨称谓，尚含忍。

说明：行孝悌：居家孝悌为先，以孝悌倡行，斯为美族，盖正学之本，由圣之阶也。

存忠厚：人能忠厚，乃集福而兴，立心须从坦易，幸毋计较，阴行险恶，且勿轻易言语，伤失人情，以积烈祸，易曰，乱之所生也，则言语以为阶，又曰括囊无咎，可不念哉。

贵朴实：己身朴实，为子孙则效规模，凡饮食，衣服，器物，宫室，不可求事虚文，丰华过度，以开丧败之源。

勉勤俭：勤所以生财，俭所以节财，二者治家之要道也，此与仿利而行，以财取多怨者，大不同。

戒酒色：好酒易以败德，好色易以惑志，好酒则废时失事，乃家业弗保，好色则伤财损命，或荡散家产，妻子流离，此由始之不慎，是致终之迷而罔反也。

乡里朝夕常见，田地交连，务宜和睦，出入相友，守望相助，毋以众暴寡，毋以强侵弱。

宗族光昌必由人才，此人才必由学而成，则劝学为其要。

择师从学当有课程，要察其勤惰、验其生熟，使之发奋昂扬，庶几成就。

——摘自《粤东简氏大同谱》

【书香衍门第】

学人

陈献章

一代儒宗，千秋仰止

【家族简史】

陈献章是广东新会都会村人，少年时随祖父迁居白沙乡的小庐山下。他出生于小康之家。祖父名永盛，号渭川，“不省世事，好读老氏书”。父亲名琮，号乐芸居士，善吟诗作赋，喜过隐居生活，27岁便英年早逝。母亲林氏，24岁丧夫，生下遗腹子陈献章后，抚育孤儿，操持家事，终生守节。献章幼时，体弱多病，自称“无岁不病，至于九岁，以乳代哺”。

【名人故事】

陈献章（1428—1500）是明代思想家、教育家、书法家、诗人，广东唯一一位从祀孔庙的明代硕儒，主张学贵知疑、独立思考，提倡较为自由开放的学风，逐渐形成一个有自己特点的学派，史称江门学派。他字公甫，号石斋，别号碧玉老人、玉台居士、江门渔父、南海樵夫、黄云老人等，因曾在白沙村居住，人称白沙先生，世称陈白沙。他的著作后来被汇编为《白沙子全集》。

陈献章是明代著名的诗人，其诗以自然之学为本，格调清高，淡逸潇洒，悠然自得，有陶渊明、邵康节、周濂溪、程明道的涵理深邃的风范。陈献章给予诗以形而上的哲学评价：诗从上天获得朴素的本质，不受人的雕琢，天生被赋予和的气韵，不因人的熟习而过度，所以七情的抒发就成了诗。即使是匹夫匹妇，心中已经有全经，这就是《诗经》风、雅的源头。陈献章好以诗论道，蔚为诗教，这就是他的诗学最大的特色。屈大均在《广东新语》终评里说："粤人以诗为诗自曲江（唐张九龄）始，以道为诗，自白沙始。"陈献章的诗句，多涵哲理。陈献章的理学思想，多数可从他诗作的一鳞半爪中探索出来。

陈献章年少警敏，读书一览成诵，而且勤奋好学，19 岁应广东乡试，考得第九名举人，21 岁参加礼部会试，考中副榜进士，入国子监（中国古代设立的国家最高学府）读书。后来，虽然两次赴京会试都落选，但陈献章对于追求学问却始终锲而不舍。27 岁那年，他听说抚州临川郡地方，有位著名学者康斋先生（即吴与弼），学识造诣很高深，读透了朱熹编辑的《伊洛渊源录》之后，还精究宋明理学的源流，明圣人之道，复孔孟之传。陈献章为了拜访名师，不畏长途跋涉，越庾岭，过梅关，抵达赣州（今江西省）。他先顺赣水而上，经吉水到了清江，上了岸再由陆路来到崇仁县，终于找到那位弃官不做，宁愿在家讲学的吴与弼先生。吴与弼治学很严，他要求学生在学习态度上必须专心一致，不容精神涣散，思想要集中，静时修养，动时省察，务使内心湛然虚明。陈献章听了很受启发，受益匪浅，但吴与弼对《易经》的分析，陈献章并未满意。第二年，他就拜辞吴老先生回归江门白沙村，在小庐山麓之南，建筑成一间颇具规模的书舍，题名"春阳台"。陈献章从此隐居，专心读书，足不出户。为了减少对他的干扰，家人就在墙壁上凿了个洞，饮食衣服均由此洞送进。

陈献章经过十年苦学，静坐冥思，舍繁取约，把握心与理吻合的关键，学问与修养都获得飞跃。明成化元年（1465 年）的春天，陈献章决定在春阳台设馆教学。这消息一传开，近到乡村，远至邻邑，都有学生慕名而来。

陈献章有较高的学知修养与诲人不倦的精神，本着"有教无类"的宗旨，不管身份高低贵贱，只要来拜谒，"先生悉倾意接之，故天下被化者甚众”。四方来学的人不止数千人。他给学生讲授经、史和文学专科，力创新旨，惟务实际，不尚声华，与萎靡不振的传统官学派背道而驰。在讲学之余暇，还与学生在旷野练习射御，居乡数十年，过着清淡的教书生活，正如在《咏江门墟》诗中所写：“二五八日江门墟，既买锄头又买书，田可耕兮书可读，半为农者半为儒。”

父亲早逝，母亲多病，这种特殊的家庭环境使陈献章对母亲特别孝顺。成化十九年（1483 年），陈献章 55 岁时应诏北上京城，因放不下对母亲的一片孝心，便想效法古人徐仲车故事，带母亲同去。这种想法遭到哥哥陈献文的反对，他说：“我的弟弟为人儿子，难道我就不是为人儿子了吗？”兄弟之间为孝哭着争执，甚至感动了百姓。

陈献章应诏上京后，有一次接到家中来信，信称母亲病重，思念儿子，他便向皇帝上《乞终养疏》，因母亲患病，乞求归养。他在《乞终养疏》中写道：“如果没有母亲的仁慈，我早已死在沟壑之中。我生五十六年，我的母亲七十九岁，我日渐衰老，母亲却待我如婴儿。天下母子之爱虽然都相同，但没有比我母亲忧心更重、挂念更深的。”“我的母亲一天比一天更担忧我，越担忧越病，越病越担忧，忧病相仍，恐怕寿命很难长久。我又以病躯担忧老母，人未老但气已衰，心有为但力不足，尽管想在有限的光阴里奉献我的余力，又哪有办法呢！”成化皇帝被陈献章的孝义所感动，授予他翰林院检讨一职，准许他归家侍奉母亲。

陈献章一生清贫，都御史邓廷缵曾令番禺县每月送他一石米，他坚辞不受，说自己“有田二顷，耕之足矣”。又有按察使花巨金买园林豪宅送他，他亦委婉回绝。以后，陈献章就一直隐居，侍奉老母，继续致力讲学，培养了不少人才。后来身兼礼、吏、兵三部尚书职务的重臣湛若水，以及官拜文华阁大学士、死后赠太师的名臣梁储，都是他的入室弟子。

明弘治十三年（1500 年），陈献章病逝于故土，终年 72 岁，谥号“文恭”。明万历二年（1574 年），朝廷下诏在白沙乡建家祠，并赐额联及祭文、肖像。额题“崇正堂”，联题：“道传孔孟三千载，学绍程朱第一支。”明万历十三年（1585 年），皇帝又下诏批准他从祀孔庙。据考证，在岭南地区的历史人物中，能从祀于孔庙的，只有陈献章一人而已，故有“岭南一人”及“岭学儒宗”之誉。

【家风传承】

陈献章的表弟林某，从小无依无靠，陈献章把他抚养教育成人，并把家中的田地、房屋分给他，帮助他成家立业。陈献章曾买过一个小女孩做佣人，对她非常同情爱护，要求夫人像抚养自己的孩儿一般抚养她，到她长大成人后给她找好人家出嫁。

他对学生亦是尽职尽责。《元旦试笔》是他写给东莞学生林光的一封信。他在信中抄录了自作诗《元旦试笔》，表达出“主静”的思想。在信中，他总结了自己的书法经验，从运笔的动静、留放、刚柔，到结体的取势、通篇布局的新奇，以一个理学家独有的思维方式，赋予深刻的内涵。如此谆谆之教，他的学生罔不受益。湛若水（1466—1560）29岁往江门求学于陈献章，毅然焚掉“路引”（赴考证件）以表学习决心。他潜心研究心性理学，数年间学业大进。由于得到严师的耳提面命，学识大为长进，深得陈献章的赏识，继而成为白沙学说的衣钵传人。陈献章曾在信中称赞他的学术成就。第二年便将“江门钓台”作为衣钵传给他执掌。

在陈献章故乡，受陈献章“孝道”思想影响，几百年来，族人之间都团结、互助。“村里谁家有老人生病住院了，村里族人就会自发去看望，”陈献章十四代孙陈兴达说，“平日里，族人之间也相互关照、相互扶持，遇到谁有困难，族人就会及时伸出援手帮助他。”陈献章后人陈兴达一家人令人称道的是他这一辈的四兄弟姐妹和他儿女辈的三兄弟姐妹，尽管是这么个大家庭，村里人却从来没有听说他们闹过矛盾、红过脸。他们这个大家庭也因此被授予“五好家庭”等荣誉。“为什么我们这个家庭比较和睦？就是我们遵循了祖训，”陈兴达说，“陈献章是遵守孝道的典范，但是，他反对愚孝，就是那种不分青红皂白，不分是非的愚孝，如果愚孝就会产生矛盾，就会导致家庭不和睦。”

【家教名言】

忠孝博爱，勤劳兴家。

——陈献章家训

大舜为善鸡鸣起，周公一饭凡三止。仲尼不寝终夜思，圣贤事业勤而已，昔闻凿壁有匡衡，又闻车胤能囊萤。韩愈焚膏孙映雪，未闻懒者留其名。尔懒岂自知，待我详言之：官懒吏曹欺，将懒士卒离，母懒儿号寒，夫懒妻啼饥，猫懒鼠不走，犬懒盗不疑。细看万事乾坤内，只有懒字最为害。诸弟子，听训诲：日就月将莫懒怠。举笔从头写一篇，贴向座右为警诫。

——陈献章《戒懒文》

商衍鎏

父子治学，书香之门

【家族简史】

追溯家族渊源，这个文化世家衍生于清朝八旗军。商衍瀛曾作《商氏迁粤家谱后记》，书中记载明末商氏祖先从天津商家林迁至辽宁藩阳，至于具体何时因何事而迁都因没有资料未能考证。可考证的祖先是商鸣鸿，他生子六人，第四子国秀从军。清军入关后清朝派了八旗中正黄、镶黄、正白“上三旗”部分力量驻防广东，商国秀属于正白旗系统。于是，商国秀携带家眷于康熙二十一年（1682 年）随军驻防广州，并在广州落地生根。因此，商氏籍贯上也就沿用“广州驻防正白旗汉军人”这一身份。

按照八旗规定，八旗出身的男丁一出生就是部队的后备力量。商氏家族十代人都在军队中任职，享受汉军粮饷俸禄，直到第十代的商廷焕。商廷焕是长子，但自小身体孱弱，无法参加军事训练，后又患肺病，而他的兴趣也不在骑马射箭上，他幼小好学，并拜陈澧为师。他性格淡泊，常以德行为先，文艺为后，故后人尊称他为明德公。除了廷焕，他的弟弟商廷修也钟情读书，并于光绪二十四年（1898 年）科举考取进士。从这一代开始，商氏家族从能征善战的八旗之家转变成为书香门第。1904 年最后一次科举考试中，商衍瀛中进士入翰林，商衍鎏中探花亦入翰林，在广东科举史上赢得“禺山双凤”的美誉。

【名人故事】

商衍鎏（1875—1963），字藻亭，号又章、冕臣，晚号康乐老人。他勤奋好学，6 岁就读于父亲专门打造的玉莲园书塾。14 岁后先后入学学海堂、菊坡精舍、应元书院。商衍鎏与哥哥终日苦读，文才出众，颇负盛名。17 岁中秀才，21 岁中举人，光绪三十年（1904 年）中探花，授翰林院编修，入进士馆。

虽受封建传统教育的影响，但商衍鎏思想并不僵化，他政治思想开明。他到日本留学考察明治维新的状况，与康有为、沈钧儒交善，回国后主张变法自强，并向清廷提出改革的建议，可惜未被采纳。1912 年商衍鎏远赴德国汉堡殖民学院筹建中国语言和文化系，创立了德国第一间汉学研究中心。著名汉学家奥托·福兰阁曾评价商衍鎏“拥有非凡的学习能力和对科学问题的全心奉献精神”。就这样，“末代探花”商衍鎏为促进中德文化教育的交流立下了“首创”之功。

1916 年第一次世界大战爆发期间，商衍鎏回国。回国后曾任江苏省督军署秘江西省财政特派员。任职期间，曾建议财政部修改其中不恰当的条文。财政部同意并交给他执笔修改。此事为商人所知，托人说项，说如能将其条文按他们的利益改动一下，将送酬金 5 万元。商衍鎏不为重金所动，严词拒绝，当时传为美谈。他还常以此教自儿孙，说不义之财，决不收受，否则影响人品道德，为人所耻。

随着政治腐败加剧，帝国主义步步逼近，商衍鎏再看不到国民政府的希望，于是愤然辞职。

商衍鎏是一位著名的爱国人士和学者。日寇侵占东三省时，他在《感愤》一诗中写道：“惊看砧肉供刀俎，忍撤藩篱逼冀燕。”并有“长蛇封豕欲难填”之句，痛斥帝国主义的贪婪本性及反动派的卖国政策。抗战期间又愤怒声讨日寇滥炸和平城市的暴行；每闻捷报，则咏诗庆贺。他对国民党的苛政无比痛恨，曾以“斗米需钱百万多”写成辘轳体长诗加以嘲讽。

【家风传承】

离开政坛的商衍鎏常常告诫儿女："为人在世不应追求虚名，应该以治学为本，从事学术研究工作。"商衍鎏的长子商承祖早年随父赴德学习，获汉堡大学人类学博士学位，回国后在中央研究院从事少数民族调查，是中国民族学先驱之一。次子商承祚则是著名古文字学家、考古学家。

商衍鎏父子

商承祚（1902—1991），字锡永，号驽刚、蠖公、契斋，广东番禺人，古文字学家、考古学家、金石篆刻家、书法家。出身书香仕宦之家，曾任中山大学教授，中国书法家协会理事。著作《殷虚文字类编》《商承祚篆隶册》行于世。

商承祚先生幼时在其父亲的影响下，研习唐楷，于颜体所得尤多，且略参何绍基笔意，风格遒劲淳雅。后从罗振玉先生习甲骨文，追求契刻意趣，用笔如刀，古朴中有峻利之势。当然商先生最擅长的还是篆体，所作小篆，极其精美。

商承祚从小酷爱古文物及古文字，决心向这方面努力发展。为求深造，1921 年秋天他来到天津，拜著名古文字学家罗振玉先生为师，在他的指导下研习甲骨文、金文，20 岁入北京大学研究所，为国学门研究生。

1923 年，商承祚 21 岁，出版了一部甲骨文字典《殷虚文字类编》，可谓弱冠成名，得到学术名师罗振玉、王国维的赞赏。王国维曾盛赞曰："如锡永此书，可以传世矣。"

1922 年，商承祚与广东东莞人容庚相识，自此，两人同乡同行来往甚密，尤以 1952 年院系调整后，同在一校，不久又同在古文字研究室并肩战斗，均成为国内屈指可数的著名学者。

在商承祚先生的一生中，凡是有考古价值的实物资料，他都不轻易放过，总是从保存文物，弘扬文化遗产的角度出发，从事整理、诠释、考证，并利用古文字和古器物研究古史，校勘古籍，为中国传统文化的继承和发展做出了巨大的贡献。

商尔从是商衍鎏曾孙，现任职于中山大学。在父亲商志醰和伯父商志馥近年陆续去世后，整理商衍鎏、祖父商承祚和父亲遗作的使命落在商尔从这一代的身上。

商尔从回忆：“父亲很少和我们谈以前的事情。父辈都是受传统教育思想影响的人，教育方式和现代的不一样，他们很少和晚辈像朋友那样相处。他们对我们的家教要求很严格，不听话的或者没做好的都要敲头和打手板的，用现代的话来说就是要体罚。”“我们用了东西一定要放回原位，不能在书上随便画。自己学习上碰到问题都是在老师帮助下解决，或者自己看书解决，家里书很多，没有的就上图书馆。”“祖父虽然接受传统教育，但他和曾祖父商衍鎏曾一起出国留学，他们的教育理念在当时也算比较先进的，很尊重孩子的自由选择，不会强求。例如我，我的名字叫商尔从，尔从就是希望跟从父辈的研究，但是我喜欢的是技术，父亲虽有自己的期待，但也不勉强我，让我自由发展。1948 年，祖父回到广州，被聘为中山大学文学院语言学系教授，他指导研究生是不开课，更不考试的。主要是谈话聊天，答疑解惑，再就是赐赠著作，审阅文稿，视其佳者推荐发表。他是因材施教的。”

【家教名言】

大丈夫立志果能坚定自然无事不成，彼苍苍者第能限人以资财，而不能限人于造就也。

——商衍鎏

祖父和父亲都常告诫我们，有本事的话，你们可以靠自己的本事成为某某家，但是别想靠家里成为“富二代”，还有一点，做人必须正直，少接触官场。

——商尔从回忆祖训

梁启超

祖孙治学，为国劳心

【家族简史】

梁启超祖籍广东省江门市新会区熊子乡茶坑村。梁氏的先祖是中原南逃的难民。在梁启超曾祖父之前，梁氏家族世代耕田。他的祖父梁维清、父亲梁宝瑛，都曾以士绅的身份参与乡政，在当地有一定的势力和影响。梁启超自 4 岁起居家就读，跟随祖父识字。在早年所接受的启蒙教育中，梁启超不仅学到了不少传统文史知识，而且还听到了许多悲壮激昂的爱国故事。祖父经常给他讲述“亡宋、亡明国难之事”，朗诵激动人心的诗歌篇章。这种带有爱国情感和思想倾向的课外教育，对梁启超有着重要影响。历代杰出人物忧国忧民的风范、舍生忘死的品格和顽强不屈的精神，在他幼小的心灵中深深地扎下了根。

【名人故事】

梁启超（1873—1929），字卓如，一字任甫，中国近代思想家、政治家、教育家、史学家、文学家。他亦是戊戌变法（百日维新）领袖之一，中国近代维新派、新法家代表人物。他自号任公，意即“以天下为己任”，又号饮冰室主人，这个典故出自《庄子》，意为面对国家内忧外患，心中焦灼，唯有“饮冰”可得解。他幼年时从师学习，8 岁学写文章，9 岁能缀千言，17 岁中举。后师从康有为，宣传资产阶级改良派的主张。维新变法前，与康有为一起联合各省举人发动“公车上书”运动，此后先后领导北京和上海的强学会，又与黄遵宪一起办《时务报》，任长沙时务学堂的主讲，并著《变法通议》，为变法做宣传。戊戌变法失败后，与康有为一起流亡日本，政治思想上逐渐走向保守，但是他是近代文学革命运动的理论倡导者。逃亡日本后，梁启超在《饮冰室合集》和《夏威夷游记》中继续推广“诗界革命”，批判了以往那种诗中运用新名词以表新意的做法。在海外推动君主立宪。辛亥革命后一度入袁世凯政府，担任司法总长；之后对袁世凯称帝、张勋复辟等事件严词抨击，并加入段祺瑞政府。他倡导新文化运动，支持五四运动。其著作合编为《饮冰室合集》。

时人评价梁启超前半生是“长彗烛天，琼花照世”，暮年却是“光沉绝响”，从“桃园中人”到“世界人”，“治世”与“治学”是梁启超面临的最难的抉择。

梁启超提倡趣味主义的人生观，他认为“凡属趣味，我一概都承认它是好的”，但趣味的标准不在道德观念，而必须是“以趣味始，以趣味终”，“劳作、游戏、艺术、学问”都符合趣味主义的条件，赌钱、吃酒、做官之类则非。1919 年，梁启超从欧洲回国，有一次几个知识界的朋友约他某天去讲演，他说：“你们约定的时间我恰好有四人功课。”有来客不解，听他解释后方知，原来就是约了麻局。梁漱溟在《纪念梁任公先生》一文中，说他“热情多欲”“感应敏锐”，然而缺乏定力，不够沉着，一生遂多失败。梁启超曾坦言，自己所做的事，严格说来没有一件不是失败的，但是“连失败也觉得津津有味”。他告诉子女们：“我虽不愿你们学我那泛滥无归的短处，但最少也想你们参采我那烂漫向荣的长处。”

梁实秋在清华念书时，就曾听说过梁启超的一句名言：“只有读书可以忘记打牌（此指麻将），只有打牌可以忘记读书。”麻将对梁启超的诱惑力、吸引力之大，可以想见。而坊间也有梁启超曾发明 3 人麻将与 5 人麻将的玩法，以及他能快速解牌的传说。他的很多社论文章都是在麻将桌上口授而成。梁实秋还记得，在清华上课时，梁启超常常手舞足蹈，讲到激动时万态毕露，满头大汗。他最喜欢《桃花扇》，有时悲从中来，“竟痛哭流涕而不能自已”，有时又“于涕泗交流中张口大笑”。

梁启超曾自言："务广而荒，每一学稍涉其奥，便加论列。故其所述著，多模糊影响笼统之谈，甚者纯然错误。"他后来对刘海粟说："一个渔人同时撒一百张网，不可能捉到大鱼……基础好，天分好都不够，还要业精于勤。不能把治学的摊子摆得太大。'才成于专而毁于杂'，一事办好，已属难得；力气分散，则势必一事无成。"他也曾自我反省，认为自己只能做"理论的政谭家"，而不能适应"实行的政务家"的角色。因为政治理想可以很纯净，而现实政治并不干净。一旦进入官场，也就丧失了批判的立场，必须遵守另一套游戏规则，结果不是同流合污，就只能急流勇退了。梁启超最终选择了后者，用他的话说，就是"做个学者生涯的政论家"，也即成了一位不能忘情政治的学者。

1922 年梁启超赴南京东南大学主讲先秦政治思想，与传授"实用主义"的胡适狭路相逢。学生黄伯易回忆道，胡"像花牌楼商人"，目空一切；梁"广额深目，态度诚恳"，第一次和学生见面就表态："我梁启超一定要学习孔子'学不厌，教不倦'的精神，与同学们一起攻错。"

在康梁师徒之间，由于梁启超颇有主见，对他的老师并不完全唯命是从，康有为因此对他很恼火。尤其是梁启超违背他的意愿，暗中与孙中山协商合作方案，事虽未成，康氏却耿耿于怀。当面对其师违背民国历史发展潮流，为帝制复辟大造舆论，甚至追随张勋之流，为宣统帝草拟"诏书"时，梁启超大义灭亲，在讨伐复辟逆流时，不惜与老师反目，康氏恨之入骨，大骂"梁贼"。但梁启超身为弟子，事后依然心系师门。康氏谢世时，是他带头募捐，主持身后之事，而且披麻戴孝，痛哭失声，率清华国学研究院众弟子在法源寺开吊三日。每当来人行礼，又是他始终站在孝子位置，答礼不疲。

1926 年初，梁启超因患尿血症，被协和医院医师诊断为右肾有肿瘤，建议割除。挨刀之后，方知右肾完好无损，割除之后，尿血依然未止。梁氏家属极为气愤，舆论矛头直逼协和医院。但在梁启超看来，医师并非有意为之，医疗事故无法绝对避免，加之协和乃美国人创办的医院，是科学的象征，不能因为自己的手术失误而使国人怀疑科学，让守旧者找到口实。于是他坦然忍受，不追究事故，劝慰家人，还以《我的病与协和医院》为题撰文，"敬告相爱的亲友们，千万不必为我忧虑"，一场非同小可的医疗事故所引起的风波竟得以化解。手术之后过了三年，他就撒手尘寰。

【家风传承】

光绪十五年（1889年），梁启超17岁。他参加了这一年的广东乡试，秋闱折桂，榜列八名，成了举人。主考官李端棻爱其年少才高，将堂妹李蕙仙许配给他。蕙仙比梁启超长4岁。两年后，二人完婚。次年夏天，梁启超偕夫人李氏南归故里。

梁家世代务农，家境并不宽裕，李蕙仙并没有嫌弃梁家的贫寒，她看中的是梁启超的才华。李蕙仙还极尽孝道，日夜操劳侍奉，深得梁家喜爱，在乡里也博得了贤妻良母的美名。"百日维新"失败后，慈禧命令两广总督捉拿梁启超的家人，梁家避居澳门，逃过了一场灭门之灾。梁启超只身亡命东瀛，开始了长达十几年的流亡生涯，李蕙仙成了整个梁家的支柱。

民国十三年（1924年）9月13日，李蕙仙因不治之症溘然长逝。梁启超写下了一篇声情并茂的《祭梁夫人文》。文曰："我德有阙，君实匡之。我生多难，君扶将之。我有疑事，君榷君商。我有赏心，君写君藏。我有幽忧，君噢使康。我劳于外，君煦使忘。我唱君和，我揄君扬。今我失君，只影彷徨。"极表内心的感激与失去她的悲伤。

光绪二十五年（1899年）底，梁启超应康有为之请，赴美国檀香山办理保皇会事宜。一日，檀香山一位加入保皇派的侨商设家宴招待梁启超，引来了一段刻骨铭心的感情纠葛。梁启超进入何家大院，出迎的除主人外还有一年轻女子。她是侨商的女儿，叫何蕙珍，芳龄二十，从小接受西方教育，16岁便任学校教师，英文极好，因有西洋人参加宴会，由她担任梁启超的翻译。多年来，除了妻子李氏外，他还没有与一个女子这样接近过。席将罢时，何小姐又将她在报上替梁启超辩护的文章原稿拿来给他看，并说："这是我代先生笔战起草的英文中译稿，请先生惠存并予指教。"接过何小姐的手稿，梁启超吃了一惊，他多日的疑惑顿时冰释。这期间，他陆续写了24首情诗，以记述对何蕙珍的赞美与思念之情，其中有一首这样写道："颇愧年来负盛名，天涯到处有逢迎。识荆说项寻常事，第一知己总让卿。"

梁启超不愿对自己的结发妻子隐瞒此事。他在光绪二十六年（1900年）5月24日的一封家书中，便把檀岛奇遇说与李蕙仙知。李蕙仙读了梁启超的信，给梁启超写了一封回信。最终，梁启超得以理智锁住情感，结束了这场苦恋。后来，在梁启超任民国司法总长时，何蕙珍又从檀岛来北京，欲与之结秦晋之好。但梁启超只在总长的客厅里招待何蕙珍，她只好怏怏而返。李蕙仙病逝后，何蕙珍又从檀岛赶来，但梁启超仍然婉辞。梁启超的这一做法，对何蕙珍来说似乎有点薄情，以至何蕙珍的表姐夫、《京报》编辑梁秋水也责备梁启超“连一顿饭也不留她吃”。

据《革命逸史》所记，李蕙仙与梁启超结婚时，还带来了两名丫环，一个叫阿好，一个叫王来喜，王来喜即王桂荃。阿好脾性不好，又不听使唤，不久便被梁家赶出了家门。而王桂荃则聪明勤快，深得梁氏夫妇的喜欢，家中事务甚至财政都由她掌管。光绪二十九年（1903 年），她成为梁启超的侧室。他在信中提到王桂荃时，多称“王姑娘”“三姨”或“来喜”。在民国十三年（1924 年），李蕙仙病重，王桂荃又怀上小儿子思礼，适值临产，梁启超在写给好友蹇季常的信中，才对其首用“小妾”之称。但是，梁启超所有的孩子对王桂荃的感情都非常深，他们管李蕙仙叫妈，管王桂荃叫娘。梁思成后来回忆他小时候的一件事时说，有一次他考试成绩不好，李蕙仙气急了，用绑了铁丝的鸡毛掸子抽他。王桂荃吓坏了，她一把把梁思成搂到怀里，用身子护着他。当时李蕙仙还在火头上，收不住手，鸡毛掸子一下下地抽在了王桂荃的身上。事情过后，王桂荃拉住梁思成，用很温和、很朴素的话教育他，让他好好读书。1968 年，85 岁的王桂荃在“文化大革命”中与孩子们四散分离，最后在一间阴暗的小屋中与世长辞。“文革”后，梁家的子女们，在梁启超与李蕙仙的合葬墓旁种下了一棵母亲树，立碑纪念这位培育了数名栋梁之材的平凡母亲。

梁启超与家人

梁启超共有 9 个子女：诗词研究专家梁思顺（令娴），著名建筑学家梁思成，著名考古学家梁思永，梁思忠，著名图书馆学家梁思庄，著名经济学家梁思达，梁思懿，梁思宁，著名火箭控制系统专家梁思礼（1993 年当选为中国科学院院士）。其中思顺、思成、思庄为李夫人所生，思永、思忠、思达、思懿、思宁、思礼为王夫人所生。

梁思顺（1893—1966），字令娴，诗词研究专家，梁启超长女。外交官周希哲的夫人，中央文史研究馆馆员。生于广东新会，毕业于日本女子师范学校，有《艺蘅馆词选》五卷，这是研究梁启超学术思想的重要参考资料。她自幼受到父亲的熏陶和教育，爱好诗词和音乐。梁启超在世的时候，思顺长期担任父亲的助手，并尽心照顾自己的弟弟妹妹，深受梁启超的喜爱。在梁启超流亡日本期间，她曾担任梁启超的日语翻译。梁启超逝世后，她精心保存了父亲的许多信件，后来成为《梁启超年谱长编》的重要素材。

梁思成（1901—1972），籍贯广东新会，生于日本东京，毕生致力于中国古代建筑的研究和保护，是建筑历史学家、建筑教育家和建筑师。1915 年，入北平清华学校（清华大学前身），1923 年毕业于清华学校高等科。1924 年，和林徽因一起赴美国费城宾州大学建筑系学习，1927 年获得学士和硕士学位，又去哈佛大学学习建筑史，研究中国古代建筑（肄业）。1928 年 3 月 21 日，梁思成与林徽因在加拿大渥太华的中国总领事馆举行婚礼。之后赴欧洲参观古建筑，8 月 18 日回国后，在沈阳东北大学任教，创立了中国现代教育史上第一个建筑学系。

1923 年，是梁思成在清华读书的最后一年。5 月 7 日这天，梁思成骑着大姐赠送给他的摩托车，后座带着弟弟梁思永，从北京城西驶向南边追赶游行示威队伍。4 年前的巴黎和会上，日本从德国手中接管山东，这一天是“国耻日”。车骑到南长街口，被北洋政府陆军部次长金永炎的轿车撞倒，金永炎竟然连车都没下，从窗口扔出自己的名片给前来的警察处理后事，然后便驾车扬长而去。军阀金永炎嚣张惯了，但他的名气比起梁启超来差得远，在社会舆论的强大压力下，他出面道歉并承担全部医疗费，还拿司机做替死鬼，最后连总统黎元洪也出面替他求情，梁家才罢休。

抗日战争前，梁思成为了解我国古建筑的分布情况，给全国每个县的邮政局长汇去两块大洋。虽然梁思成做教授收入很高，但给每一个邮政局长寄去两块大洋，那也是一大笔钱。他也不知道人家叫什么，只写邮政局长收，并给每人写一封信说，我们在考察保护中国古建筑，希望你收到两块大洋以后，能把你们县境内的古建筑拍照片寄回来。其实，梁思成靠这种方法收集资料，心里也没有底。他所做的工作，是前人从来没有做过的事业。让梁思成特别感动的是，全国所有的县，每一个县的邮政局长，都拍了本县的古建筑照片，给他寄了回来。

为了帮助梁思成了解西洋美术及建筑，梁启超专门筹集了5000美金，让毕业新婚的梁思成、林徽因取道欧洲回国，兼度蜜月和考察，并写信说："我替你们打算，到英国后折往瑞典、挪威一行，因北欧极有特色，市政亦极严整有新意，必须一往。由是入德国，除几个古都市外，莱茵河畔著名堡垒最好能观一二，回头折入瑞士看些天然之美，再入意大利，多耽搁些日子，把文艺复兴时代的美，彻底研究了解。最后便回到法国，在马赛上船，（到西班牙也好，刘子楷在那里当公使，招待极方便，中世及近世初期的欧洲文化以西班牙为中心。）中间最好能腾出点时间和金钱到土耳其一行，看看回教的建筑和美术，附带着看看土耳其革命后的政治情况。"

梁启超一生给子女写了400多封家书，总计百余万字，占他著作总量的十分之一，堪与《曾国藩家书》《傅雷家书》并称三大家教典范。这些家书有的只寥寥十几字，报平安或叙家事，有的则长达几千字，论时事或谈心得，从政局艰难到个人烦忧，从吃了美味到买了好书，无不备述。

梁启超在家书中反复提到一点："你们须知你爹爹是最富于情感的人，对于你们的爱情，十二分热烈。"事实也确实如此。梁启超常在信中称呼长女思顺"大宝贝""宝贝思顺"，但当时这位长女已经三十几岁，是三个孩子的母亲了。最小的梁思礼小名"老 Baby"，梁启超常在信中叫他"老白鼻"，还给三女思懿起外号"司马懿"。在给次女思庄的信中，梁启超这样写道："小宝贝庄庄：我想你得狠，所以我把这得意之作裱成这玲珑小巧的精美手卷寄给你。你姐姐（长女思顺）呢，她老成了不会抢你的，你却要提防你那两位淘气的哥哥，他们会气不忿呢，万一用起杜工部那'剪取吴淞半江水'的手段来却糟了，小乖乖，你赶紧收好吧。"字里行间都是满满的父爱。

要知道，思庄排行第五，按理说，夹在中间的孩子最不受宠，但梁启超非但没有忽略她，反而让思庄感觉自己在父亲心中极为特殊。事实上，梁启超对所有子女都关注、欣赏，让他们感觉自己特殊。他曾给当时身在国外将要结婚的长子梁思成写信说："你们若在教堂行礼，思成的名字便用我的全名，用外国习惯叫作‘思成·梁启超’，表示你以长子资格继承我全部的人格和名誉。”

这样的父爱无疑是一种巨大的力量，注入孩子的生命，必然滋养出自信的花朵。而自信，正是一切成就和幸福的基础。

梁启超生前，成家的仅长女长子，他充沛的父爱也无私地惠及了女婿、儿媳。他赞女婿周希哲“是天地间堂堂的一个人”，写信给梁思成、林徽因，表达对他们婚姻的喜悦：“我以素来偏爱女孩之人，今又添了一位法律上的女儿，其可爱与我原有的女儿们相等，真是我全生涯中极愉快的一件事。”

梁启超宁肯在别的地方节省，也绝不让孩子在教育上有所亏欠。为培养子女成才，他可谓用心良苦。思顺作为长女，曾随父母在日本生活，当时神户没有适合华侨子弟的学校，于是，梁启超就亲自在家教女读书，并专门请了家教教“数理化”，还在家里建了一座实验室。

1912 年，他一回北京，就为远在加拿大的大女儿思顺买《东坡集》《韩柳合集》等。为使二儿子思永在考古学上有所进益，梁启超亲自为他联系自费参加著名考古学家李济在山西的考古发掘，还和瑞典考古学家斯文赫定联系，让梁思永自费参加他的考古活动。

1924 年以后，几个大孩子出国留学，梁启超忙于政事，自觉对身边几个年纪小的孩子教诲不多，于是决定让思达、思懿、思宁休学一年，专门聘请了谢国桢做家教，给他们补习国学、史学。

梁思成之子梁从诫，1954 年毕业于北京大学历史系，师从陈翰笙先生攻读世界史研究生，毕业后赴云南大学历史系任教。1993 年开始关注民间环境保护活动，领导创建了中国第一家完全民办环境保护组织“自然之友”。1999 年，获中国环境新闻工作者协会和香港地球之友颁发的“地球奖”，以及国家林业局颁发的“大熊猫奖”。2010 年 10 月 28 日下午 4 时，在北京病逝，享年 79 岁。

无论是因为家学的渊源，还是自我的修养，梁从诫的举止始终透着儒雅。可有时他也会对人们说：“我也要说点难听的话。”说起今人对于环境的破坏，他就气不打一处来；看到长江的污染，他直接质问县长：“这条江是不是你们污染的？”他还自嘲他们一家三代都是失败的英雄，是“屡战屡败，屡败屡战”。

【家教名言】

万恶懒为首，百行勤为先。

——梁启超

做学问原不必求猛进，像装罐头样子，塞得太多太急，不见得便会受益。

我怕你因所学太专门之故，把生活也弄成近于单调。太单调的生活，容易厌倦，厌倦即为苦恼，乃至堕落之根源。

——梁启超给梁思成家书

陈 垣

心系教育，史学泰斗

陈垣像

【家族简史】

陈垣出身药商家庭。创业者是他的祖父陈海学（1811—1878）。陈海学26岁那年（1836年）以贩卖新会特产陈皮起家，进而开始经营药材，在广州城晏公街租下闽漳会馆旧址，开设“松记”店。道光十七年（1837年）改店名为“陈信义”。店铺门联为“信人所任，义事之宜”，家族堂名为“陈宁远堂”，取“非淡泊无以明志，非宁静无以致远”之意。

陈海学共有9个儿子，陈维启是第五个。陈垣是陈维启的大儿子。光绪十一年（1885年），陈维启的三兄陈维举（名满年）去世。陈维举比陈维启大两岁，死时年仅33岁。他只有一个女儿，没有儿子。在过去，一个人死时没有儿子是最大的憾事，维启、维举在九兄弟中感情最好，于是陈维启将自己的儿子过继与三兄。陈垣过继与三房后就与三房曾祖母李氏一同生活。当时他只有五岁，爱母之情使他常常先在三房过继母亲处吃几口，然后又偷跑回五房亲生母亲那里吃饭。

【名人故事】

陈垣（1880—1971），汉族，广东新会人。字援庵，又字圆庵。他没有受过正规的史学教育，全靠勤奋立业，著作宏富，成就斐然。在中国宗教史、元史、中西交通史及历史文献学等领域的研究都做出了开创性的贡献，成为世界闻名的史学大师。在20世纪20年代，中国国际地位还很低的时期，他就被中外学者公认为世界级学者之一，与王国维齐名。20世纪30年代以后，又与陈寅恪并称为“史学二陈”，“二陈”又与吕思勉、钱穆并称为“史学四大家”。陈垣的主要著述有《元西域人华化考》《校勘学考例》《史讳举例》及《通鉴胡注表微》等，另有《陈垣学术论文集》行世。他的许多著作都成为史学领域的经典，有些被翻译为英、日文，在美国、德国、日本出版。毛泽东主席都曾称他为“国宝”。

陈垣也是一位大教育家，一生从事教学74年，教过私塾、小学、中学、大学。他任大学校长46年，为祖国培养了大批栋梁之材，桃李满天下。他对教学极其负责，有先进的教育理念，创立了不少新课程并沿用至今。陈垣先后创建广州光华医学专门学校、北京孤儿工读园、北京平民中学。曾任国立北京大学、北平师范大学、辅仁大学的教授、导师。1926—1952年，任辅仁大学校长。1952—1971年，任北京师范大学校长。1949年以前，他还担任过京师图书馆馆长、故宫博物院图书馆馆长。1949年后，任中国科学院历史研究所第二所所长。历任第一、二、三届全国人民代表大会常务委员会委员。

在政治上，他也是一位与时俱进的人物，青年时代就投身反清斗争，1959年，他以79岁的高龄加入了中国共产党。

1885年，父亲陈维启就将五岁的陈垣从新会带到广州。一年后，陈垣便进入私塾学习。他五六十岁时还能清楚地记得每年所念私塾的业师、地址和课程内容。出生在这样一个商人家庭，陈垣能成为家族第一个真正的读书人，并在后来取得学术上的杰出成就，得益于父亲陈维启的支持。

当时的私塾，经过启蒙阶段后，就是学习四书五经。陈垣12岁的时候，偶然在私塾老师书架上发现张之洞著的《书目答问》。据他回忆：“书中列举很多书名，下面注着这书有多少卷，是谁所作，什么刻本好。我一看，觉得这是个门路，就渐渐学会按着目录买自己需要的书看。”（《谈谈我的一些读书经验》）第二年，他又读了《四库全书总目提要》。眼界大开后，陈垣便不满足于只学习儒家经典，而是广泛阅读所能看到的书，尤其是史籍。14 岁时，广州发生大疫，学馆解散，陈垣回忆道："因为不用学习科举的八股文，所以有时间读自己喜欢读的书，在三年时间里读了不少书，打下初步基础。"（《谈谈我的一些读书经验》）

当时有些长辈认为他读四书五经以外的"杂书"是不务正业，陈维启力排众议，支持他买书、读书。陈垣多年后在家书中深情回忆说："余少不喜八股，而好泛览。长老许之者夸为能读大书，其非之者则诃为好读杂书，余不顾也。幸先君子不加督责，且购书无吝，故能纵其所欲。"大意为他年少时喜欢读各种书，父亲从不责怪他，不惜钱财为他购书。又说："余始稍稍寻求读书门径。幸先君子放任，尽力供给书籍。今得一知半解，皆赖先君子之卓识有以启之也。"大意是他如今的成就大部分都归因于父亲的远见卓识。

他 16 岁那年，买了一部《二十四史》，就花了曾祖父 100 多两银子。又花 8 两银子买了《四库全书总目》，花 7 两银子买了《十三经注疏》，花 13 两银子买了《皇清经解》等等。维启别号励耘，陈垣后来把自己的书斋命名"励耘书屋"，刻的书名为《励耘书屋丛刻》，都表达了他对父亲的怀念。

抗战时期，陈垣留在北平，坚持在沦陷区办学，同时立即与日本学术界的朋友断绝往来。当时日本报纸提出这样的问题：听说北平秩序已经恢复，我们在那里与支那人关系很密切，合作得很好，但是为什么像陈垣这种人不和我们合作呢？在敌伪时期，汉奸威逼利诱，要他出来担任当时敌伪最高文化团体大东亚文化协会会长，他也拒绝，他的得意门生柴德赓感叹："这在敌伪时期是很勇敢、很不容易的。"

陈垣的客厅、书房以及住室内，总挂些名人字画，最多的是清代学者的字，有时也挂些古代学者字迹的拓片。客厅案头或沙发前的小桌上，也总有些字画卷册或书。这些都是宾主相聚时的谈资，也是陈垣教导后学的教材。他用 30 元买了一开章学诚的手札。在 20 世纪 30 年代，就清代学者手札墨迹而言，这是很高的价钱了。陈垣将它挂在那里，为备一家学者的手迹。而有心的后学如启功，就知道老师又在办"劣书"展了。陈垣收藏书画及清代学人手稿甚富，在辅仁大学公开展览，并印有目录一册。书画中远如明人陈白沙（献章），近如清末陈兰甫（澧），皆岭南名家。抗战胜利后，陈垣已十余年未购入书画，年底忽有人携来全祖望字条，爱不忍释，以20万元购入。抗战八年，陈垣坚持不与敌伪合作，潜心著述，以全祖望等明末遗民的爱国情操砥砺自己，并笺注《鲒埼亭集》。所以陈垣致友人信中说："亦所谓还心愿也。"

【家风传承】

陈垣有三位妻子，前两位都是遵父母之命结合的。1896年，在广州求学期间，16岁的陈垣回到新会老家与邓珍安成婚，婚前，两人从未见过面。婚后，邓珍安改名邓照圆，因陈垣字援庵，又字圆庵，"照圆"有照顾陈垣之意。邓照圆知道他喜欢吃家乡的鲮鱼，后来就让子女买来晒干，寄到北京。由于陈垣过继给三伯父，"兼挑两房"，家族又给他娶了第二位妻子吴淑媛，比陈垣小4岁，在28岁时不幸溺水身亡。

陈垣全家福

陈垣早年学医，是广州光华医学校首届学生，毕业后留校任教，结识了第五届的学生徐蕙龄，自由恋爱而结婚。1913年陈垣来到北平任众议员，徐蕙龄陪伴左右近40年。两人后来感情不和，出现矛盾。1932年陈垣给在广州的儿子约之写信："我近日处境，亦极困难。上不得两母欢心，下不得妻子满意，中不得弟妹怡悦。时时抚心自问，只觉读书一世，不晓做人。"自1948年起，两人分居，徐蕙龄到天津与儿子生活在一起。晚年的徐蕙龄似有精神病患，抽烟，喝酒，不理家务，弄得陈垣很烦恼。1966年5月，陈垣的两位夫人邓照圆、徐蕙龄先后在广州、天津逝世，相隔不到一周。

陈垣的长子陈乐素和三子陈约都是大太太邓照圆所生。陈乐素（1902—1990）是著名的历史学家，原名博。少年时在广州圣心书院、岭南小学读书，后随家迁居北京。中学毕业后于1918年赴日留学，在明治大学读政治经济科，对某些日本学者研究中国历史地理为军国主义服务有所警惕。1923 年归国，在广州南武等小学任教。1926 年投笔从戎，参加北伐军任宣传员。1928 年返上海，开始研究历史，在其主编的《日本研究》杂志上，发表研究古代中日交往史的《魏志倭人传研究》，受到史界好评。1931 年“九一八”事变后，改为研究宋史，发表了《三朝北盟会编考》和《徐梦莘考》，“以古喻今”，隐含对当局不抵抗政策的遣责。1935 年被教育部派往日本考察。

陈乐素说：“就学历史而言，我的家庭条件比较有利。我父亲陈垣……还在我幼年时代，他就通过讲论和实践教育我，启发我对学习历史特别是中国古代史的兴趣和搜集史料的重视。”

陈乐素之子陈智超曾说：“祖父和父亲都很尊重子女的选择，父亲在日本留学时学的是经济学，我曾在云南建设公路。但我们后来都走上历史研究的道路，这离不开家庭的熏陶。”陈智超保存着一份父亲为祖父抄写的元代也里可温教的资料，“祖父的《元也里可温教考》是 1917 年发表的，搜集材料更是在此之前，那时我父亲还不到 15 岁，祖父通过这样的方法培养他对历史的兴趣。我 7 岁时，家在香港，父亲带我去图书馆抄写有关《宋史艺文志考证》的材料，让年幼的我受到潜移默化的影响”。

陈垣常常在给儿子与孙子的书信中不遗余力地写下句句引人入胜的教导语。从四岁开始，陈智超就开始给祖父写信，虽然信的内容通常只是寥寥几句话，但陈垣有信必回。1946 年，在给陈乐素的一封家书中，陈垣非常关心身体不佳的陈智超：“智超身体如何？停一年不读书，纵其自习，亦一样有益。甲午（1894 年）广州大疫，余停学一年，读书之基树于此也。”

“抗战时，祖父坚持留在沦陷的北平，以书斋作战场，在辅仁大学讲授顾炎武的《日知录》，坚定师生的民族气节。从 1937 年到 1945 年的八年间，他写了七部有战斗性的著作。”陈智超说，父亲陈乐素在“九一八”事变后从日本研究转向宋史研究，首选宋徽宗谋复燕云十六州的题目，针对的是蒋介石的“不抵抗主义”，同样具有深切的现实情怀。

1962 年大学毕业时，陈智超把“嘉靖年间浙江福建地区反对葡萄牙殖民者的斗争”作为自己的论文题目，他的思路与祖父、父亲一脉相承：“新中国成立了，但澳门和香港还没有回归，所以我觉得有责任把葡萄牙侵略中国这段历史写出来。”

近年来，为了撰写《辑补〈旧五代史〉》书稿，陈智超废寝忘食。他说，祖父为整理《旧五代史》做过不少贡献，做出一个更接近原貌的辑本，也是对祖父遗志的继承。

【家教名言】

教是有人教，育是熏染培育，非由于教。见惯了自然晓得。古所谓“工之子恒为工，商之子恒为商”，是育也，非教也。

——陈垣给孙子陈智超的信

讲书态度要稳重安详，最好有时自照镜一观，即知检点。学然后知不足，教然后知困，教亦学也，学教人亦学也。临事而惧，好谋而成。教学相长，必大有益。

——陈垣致陈约

容庚

忠耿正直，金文大家

【家族简史】

容庚出身于清末书宦世家。他的曾祖父是翰林，祖父容鹤龄（青田）是进士，父亲容邺南是拔贡，外祖父邓蓉镜是翰林，四舅邓尔雅是广东著名的书法篆刻家，叔父容祖椿（仲生）是知名画家。容庚生长在书香门第，自小受到熏陶，养成了好学不倦的精神。他15岁时父亲逝世，尔后便与其弟肇新、肇祖从四舅邓尔雅治《说文》及刻印，燃起对金石学的兴趣。

【名人故事】

容庚（1894—1983），原名容肇庚，字希白，号颂斋，广东东莞人。因古代“容”“颂”相通而取斋名为“颂斋”。在书宦之家良好的家庭环境熏陶下，他幼年时即熟读《说文解字》和吴大澄的《说文古籀补》。1922年，经罗振玉介绍入北京大学研究所国学门读研究生，毕业后历任燕京大学教授、《燕京学报》主编兼北平古物陈列所鉴定委员、岭南大学中文系教授兼系主任、《岭南学报》主编、中山大学中文系教授等。著有《金文编》《商周彝器通考》等。

1922 年，他北上求学，考入北京朝阳大学法律专修科。开学以后，北京大学考古研究室主任马衡约他见面，劝他到北大国学门念研究生。原来容庚曾经带着《金文篇》的初稿向古文大师罗振玉请教。罗先生很赞赏，写信向马先生推荐。于是，容庚越过大学本科，免试成为研究生。三年后，《金文编》经过大幅修改补充，正式出版，容庚一举成名，同时也完成了学业。

“文革”后期，一个“批林批孔”的干将跑来劝容庚，让他认清形势，批判孔子。容庚答曰：“我宁可去跳珠江，也不批判孔子。”

有人曾在批斗大会上揭发容庚，说他在解放前把贵重文物卖给美国人。他老老实实地回答说：“有！那个鼎是假的，我是把假古董卖给美国人了。”此言一出口，那帮人先是愣了一下，然后哄堂大笑，对他的批斗也就进行不下去了。

曾宪通感慨容庚的耿直，在那么多的“运动”中，他总是怎么想就怎么说。容庚曾对曾宪通说过：“我说的话，是人人心中所有，人人口中所无。”回想起容庚的言论，曾宪通笑道：“其实他的言论早够‘右派’了，只是被‘保’了下来。他倒好，还一个劲儿跑到中文系党委去为‘右派’教师说情，说这个不应该是‘右派’，那个不应该是‘右派’，说得党委书记没办法，只得威胁他说，‘你都自身难保了，还管别人’。”“文革”中贴容庚的大字报，说是要斩“野马”，砸烂“鬼锁”。曾宪通介绍，此话的出处是容庚在 20 世纪 50 年代所写的入党申请书，其中有“我是野马，是鬼锁，是一个自由知识分子，需要一个紧箍咒，需要党的铁一般的纪律来约束自己”之言。“野马”“鬼锁”之语，正反映了容庚不愿接受羁绊的内心世界。

容庚甚至和本系另一位教授比赛谁先入党。他声称：“你是讲政治第一，我是讲业务第一，看咱俩谁先入党。”最终，讲究业务第一的容庚，入党申请自然没被批准。“文革”结束后给教授们平反，于是乎“容庚先生其实是一个很好的人”等话甚为流行。谁知他不领情，一本正经地说：“过去你们批判的容庚，实际上没那么坏；现在你们说好的容庚，实际上也没那么好。”

20世纪60年代初，为了修订自己早年的名著《商周彝器通考》，容庚和曾宪通等人跑了全国不少地方。每到一地，他们需要拿着党内“文胆”康生亲笔开具的介绍信，先去拜访宣传部。容庚习惯的开场白是：“我们到党部来报到。”这可是一个不小的“政治错误”。曾宪通一再提醒他千万不要这么讲，他总是很认真地说：“是吗？哦，那好，我不讲了。”结果每次一进办公室，他还是脱口而出：“我们到党部来报到。”最后无奈，只好不去拜访了。“他根本就不懂这些。”曾宪通笑言，“他以为都是‘党部’，根本就分不清解放前后那些微妙的称谓变化。”

鲁迅曾有一篇轶文，“文革”中在广州被发现。他为了讽刺与自己素来不和的顾颉刚，说中山大学已经聘了一个口吃的顾颉刚，又打算聘请同样口吃的容庚，难道中大喜欢口吃？

中山大学中文系教授曾宪通当年长期担任容庚的助教，被视为容先生的“大弟子”。据他透露，容先生确实有一点儿口吃，不过并不严重。在曾宪通的记忆里，容先生话不多，不属于善言辞的学者。他上课时，总是用白布巾裹着几部线装书，在讲桌上打开，转身在黑板上写一个古字，站在一旁，问台下这是什么字，然后根据学生的回答，引经据典加以评析。

1954年，大陆掀起了胡适思想批判运动。这场运动，从高校的角度来审视，可以说是起源于山东大学，高潮在北京大学，反对的声音则多集中在中山大学。在中山大学中，对这场运动反感颇大的，一个是陈寅恪，一个是容庚。当时《内部参考》刊登了《中山大学的部分教授对关于〈红楼梦〉研究问题的讨论抱着抗拒态度》，对容庚的表现，文中写道：中文系教授容庚主张：“还胡适以真面目。”他说：“胡适尊重证据，主张凡评定事物要拿出证据来。这和毛主席提倡的实事求是精神是一样的。”（见易新农、夏和顺《容庚传》）

在众人妖魔化胡适的时候，容庚主张“还胡适以真面目”，认为那些批判胡适的文章“十篇有九篇是唯心的”，指出“他们对胡适都没有研究，有什么资格批判胡适呢？”

得知胡适去了台湾之后，容庚还说：“大家都以为他是美国特务，但胡适最近回到台湾了，如果胡适是特务，为什么他在美国站不住足呢？”“现在批判胡适是为了他走到美国去了，假如他不逃亡，可能现在的科学院院长也是由他担任的。”

也许是鉴于他这一系列的言论，1955 年 5 月 11 日，《关于胡适思想批判运动情况和今后工作的报告》一文重点提到了容庚的表现。文中写道：“个别的人，如中山大学教授容庚，则在去年 12 月的讨论会上公开发言为胡适的学术成绩辩护，并要求中大校刊发表他的发言稿（该刊发表了他的发言稿，并发表了批评文章）。”

更让人感慨的是，早在 20 世纪 20 年代，当胡适、俞平伯等人开始他们的新红学研究的时候，容庚就写过《红楼梦的本子问题质疑胡适之俞平伯两先生》的文章。当时，容庚的质疑，主要着眼于学术的相互探讨与辩难。然而，有时候观点之争很容易演变成个人恩怨。容庚如果识时务，大可以把这篇文章翻出来，说自己早在 20 世纪 20 年代就反对胡适、俞平伯的观点。不过，他不仅没有如此做，反而逆流而上，说出了自己的真实想法，由此可见容庚的个性。

【家风传承】

容家是书香世家，自容庚的高祖起，五代文脉，皆有科名。到了容庚一代，更是英杰遍出。容庚育有三子三女，直系孙辈十人，国内的多散居于北京、广州等地，国外的集中在美国。

容庚夫妇与容璞一家

然而，容庚的后代却没有一个人继承他的“衣钵”——从事古文字相关研究。最接近容庚本行的，当属五女容璞和她的先生梁世雄了，两位都以画艺名世。容老自己创作的字画、手稿、书信来往以及他收藏的青铜器、字画、图书，还有他的各类生活日用品，都堪称文物，且数量巨大，但他并没有将此留给他的子女，而是统统捐给了中山大学图书馆、中山图书馆和广州博物馆等单位。“父亲生前说过，儿女们都不懂行，放在他们手上，他们也不懂其中的价值，迟早会分散了去，不如集中交还给国家，让更多的后人能观摩研究。”容璞和她的五位兄弟姐妹都没有违逆父亲的意愿，在他去世后继续将仅存的藏品、遗物捐献给容庚故居等单位。梁世雄说，容老留给子女们的最大“遗产”是清正的人格。

“不管是子女的婚姻，还是求学、就业，父亲一直都是放任自由发展的态度，他一般很少干涉，更不会给我们提供什么便利。”在后代中，父辈的古文字学、史学、收藏的渊源并没有传下来，却出了不少理、工、医等西式学科的人才，仅医生就有 11 个之多。在容璞看来，这正是父亲家教开明的体现。

在她的印象里，父亲常说“三百六十行，行行出状元，希望每个人都学有专长，这样才能赖以谋生”。等到她高考选学校专业，向父亲请教报考美术院校的意见，而父亲只不过回了一句“学画画也好啊”，并无其他希求。

容璞的工作地点后来几经变动，却很少有人知道她是大学问家容庚的后人。“父亲的名气没有在任何方面帮到过我们这些子女。我的妹妹当年在青海工作，希望父亲能够为她打点回到广州工作，却被拒绝了。”容璞说，父亲一向为人做事保持原则，对于子女的前途也是如此。

“家教放任、对子女的前途不管不问，不代表对我们没有要求。”容璞说，兄弟姐妹六人的名字都有个“玉”字，就是希望他们都成为对社会有用的人。

容庚的弟弟容肇祖（1897—1994）是我国著名中国哲学史研究专家、民俗学家和民间文艺学家。1897 年 12 月 1 日出生在广东东莞市。他出生之日，正是其祖父去世之时，因而名为念祖，后来才改成了肇祖。父亲容作恭，是广雅书院学生，清朝的拔贡，故家中藏书较多，为肇祖兄弟数人初入学门提供了较好的条件。

作为一个著名的民俗学家（兼民间文艺学家），容肇祖对我国现代民俗学和民间文艺学的研究和发展，都做出过积极的贡献。早在 1924 年，他就同顾颉刚等人一道，对北京妙峰山的进香活动做了调查研究。这是我国现代民俗学史上颇有影响的一次学术活动，其研究成果在《京报副刊》上发表后，引起了当时社会上不少民间文艺、民间文俗、民间歌谣等爱好者的极大重视和兴趣，为推动我国早期民俗学和民间文艺学研究，从书本走向实际，从单一探索走向综合研究，迈出了积极的一步。到了20世纪20年代末和30年代初，容肇祖又两次出任中山大学民俗学会的主席。他一方面积极从事学术组织刊物编辑，另一方面又身体力行，写了大量研究文章，为我国现代民俗学和民间文艺学的勃兴和发展，做了许多扎实而有益的工作。此外，在神话和传说的研究上，容肇祖也是颇有成绩的。他的《二郎神考》《天后》等文，是我国较早出现的替某一位“神”做系统考究的论文。这些文章的撰写和发表，为我国现代早期的神话研究领域，起到了较为积极的作用。又如在传说学的探索上，他先后写过《传说的分析》《德庆龙母传说的演变》《与魏应麟论临水奶》等一批有影响的文章。在这些文章中，容肇祖从民俗、历史、哲学等不同的角度着手，对传说的演化与发展、传说与历史的关系、传说中的构想成分及其产生的原因等问题做了深入的探索，为人们了解传说的起源、特点及分类等，提供了许多值得借鉴的研究成果。

【家教名言】

不求做官，但望自立，为社会教育事业多作贡献。

——容庚母亲邓琼宴

名医

【仁术济世人】

李广海

骨科圣手，五代相传

【家族简史】

李家族谱登记的第一位佛山祖先为明朝末年的户部尚书李待问。李待问于万历三十一年（1603 年）考中举人，第二年又接连通过会试、殿试得进士，先后任县令、礼部信事、吏部文选郎中、户部右侍郎，崇祯十一年（1638 年）升任户部尚书。李才干是李待问的分后裔，医学世家正是从他这一代开始。李才干是当时的跌打名医，设“平恕堂”救人无数，四乡扬名。李广海是李才干的第三个孩子，幼年随父学医，医术高明，成为骨伤科圣手。他将中西医结合，成为佛山将西医技术运用到中医上的第一人。李家五代子孙都继承了祖业，成为所处时代中医的佼佼者。李氏家族代代出名医，是名副其实的医学世家。

【名人故事】

李才干（1833—1913），字子祯，祖籍佛山栅下茶基村（今属禅城区）。李才干 21 岁时，移居人迹稀少的偏僻之地城西石门，靠做苦力维持生计。一日，李才干与附近金山寺的智明和尚相遇，智明和尚看到李才干为人质朴勤奋，身体素质好，是练武的好材料，于是决定传授其少林武术。李才干一边学武术一边学跌打医术，很快得到了智明和尚的真传。

战乱稍息之后，李才干返回家乡，在栅下开了自己的跌打医馆，李广海从小的医学启蒙及之后的声名远扬都是从这个医馆开始。

李才干的武术根底非常好，他将从智明和尚那里所学的以及少林秘籍上的武学知识，与医术进行融合，对筋伤骨断、火烫刀伤、枪伤炮伤很快就有了一套自己的实践经验。《佛山忠义乡志》中记载：李才干尚义轻利，有请必到，除药费外，一概不受伤者谢礼，反而免贫苦者诊费。

李广海（1894—1972），字澄波，是李才干第三子，所以许多佛山的老人家都称他“三叔”。李广海自幼就与医术打交道，勤奋好学，7 岁读私塾，在父亲的耳濡目染下，童年起便攻读《内经》《伤寒》《金匮》《神农本草》等中医经典著作。14 岁时，他便学习《正体类要》《伤科补要》《医宗金鉴》《血证论》等伤科专著，还常在医馆观摩父亲手艺，深受父亲的言传身教。李广海 20 岁那年，李才干去世，他继承了父亲的医馆。李广海博览群书，有自己的想法，扎实的医学理论基础，令他跳出了父辈一方一法的治疗办法，运用综合和系统的辨证疗法，如在治疗枪炮弹伤等开放性损伤时，突破传统观念，因人施治，或用手术取弹，或用药捻导引，或用丝线缝合伤口，或用拔毒生肌膏外敷，等等。

李广海还大胆使用青霉素、破伤风针等西药，成为佛山最早将西医技术运用到中医上的人。李广海之孙、现在广州荔湾区骨伤科医院担任副院长的李国准总结：“吸取西医之长补中医之短，这是李氏骨伤科这么多年来一脉相承的传统。”李广海之后的子辈孙辈，如李家刚、李家裕、李家达、李国准等，均走中西结合创新之路，集中医和西医精粹于一炉，也都成了所处时代的跌打名医。

李家达 14 岁开始跟着李广海学医，在父亲的悉心教导下，逐渐掌握高超的医术，同时继承了祖辈的高尚医德。一次，有个从乡下来的病人家属，希望他尽心收治其患多发性骨折的父亲，天没亮就提着香烟美酒在医院门口等候。李家达拒绝了礼物，按病情优先处理，然后收院治疗。病人大为感动，康复出院时，紧握着他的双手说：“您是我们乡下人的好医生!”

1977 年，李家达回到佛山中医院当院长。1982 年，他和医院其他领导应邀到香港考察，香港和海外的亲人都极力挽留他。但是，他毅然告别亲友，返回故乡，发展祖国中医药事业。

作为一个中医世家，李广海的五个儿子李家强、李家刚、李家丰、李家裕、李家达以及其孙子李国理、李国韶、李国准等均继承医业。李家刚、李家丰把家族医术带到了香港，李家裕把家族医术带到了广州，李家达则在佛山继承父业，如今李广海的孙子李国韶、李国准、李国理，均成了一代名医。此外，李广海儿媳妇、李家达妻子黄曼慈是牙医名家，李家丰的孩子在英国学医；李广海孙女李棣庄、曾外孙女谭伟欣、曾孙李宇雄也纷纷从医。李氏家族中的兄弟姐妹们广布世界各地，在国内的就以香港、佛山、广州为主，在外国则以英国、加拿大为主。

【家风传承】

李氏骨伤科第四代传人、李广海之孙李国韶是香港注册中医师，也是香港中医骨伤学院常务副院长。每个星期二他都从香港回佛山市中医院开诊，“这里始终是生我养我的地方，有感情了，不管多忙多累总要回来。而且李氏骨科的传承始终是我终身的事业”。

在李国韶的记忆中，爷爷李广海医术高超，人品也很高尚。好几次李国韶在医院遇到一些年纪较大的病患，他们都说：“小时候你爷爷给我看病，后来是你爸爸，现在是你。几代人都是好人啊。”

“爷爷很有趣，小时候我就是他的跟班，他喜欢盆景盆栽，我就跟着他去买石头，做小小搬运工；他喜欢美食，自己研制食谱，什么焗炉烤鸡之类的。他也跟着我一起玩，我们是玩伴。父亲呢，十分严肃，不苟言笑，更像导师。”李国韶说，父亲李家达与爷爷李广海是完全不同的人，甚少言笑，他把病人看得最重。

1977 年到 1978 年间，李国韶成为医生后，一开始分配在佛山张槎的医院。有一天刮起了十级台风，他骑单车上班，马路边的大树都被台风吹得一边倒，他途中停在中医院，暂时躲避风雨。遇上正在上班的父亲李家达，看到儿子在中医院而不在张槎医院，没听完儿子解释，李家达就生气地说：“你是骨科医生，台风天最多人受伤，最需要医生，你给我立刻回医院去。”李国韶说，那时父亲是他的偶像，他很敬畏父亲，很听话地骑着单车冒着台风去上班了，“根本不需要我骑，台风吹着我走，大树两边倒，印象深刻啊”。

李国韶如今是李氏骨伤科第四代传人，走上学医这条道路既是偶然又是必然。年幼的李国韶虽在医学家庭长大，但是一开始并未以学医为目标。李国韶身材高大威猛，因此成为佛山体委的篮球选手。一次偶然，父亲随口说：“佛山卫校招生，你想不想试试?”李国韶随口回答：“好啊。”父亲没想到李国韶竟随口答应了，反而严肃教育他：“学医不是开玩笑的，需要用心用力。”李国韶十分敬畏父亲，答应了他就决心学好。

“没想到我一学就喜欢上了，爷爷和父亲平时看病的一些细节都浮现出来，可能就是耳濡目染的作用。平时跟着他们一起，他们说的话，药物的疗效，治疗手法，我都比较容易就掌握了。就像爷爷说过，有人问他治疗可不可以先不去瘀血，怕伤身体，他打比喻说，就像长满青苔的墙，要刷墙，不去掉青苔怎么重新刷墙?”耳濡目染加上自身勤奋好学，李国韶以优异成绩毕业后，成了一名与爷爷、父亲一样的中医师。

如今，李国韶的儿子在香港学习，大学选专业时也选择了学医，“我没有要求儿子学医，反而跟他说，要赚钱的话，学医不是好选择。但是他就是喜欢，就是要学医。当然，我是完全尊重他的，也希望他学好。”李国韶说，李家的医学世家能传承下去，也是因为从李才干开始每一代都出人才，传承上一代的医术和医德。现在，第五代的李氏后人已经开始接受、研究和传承李氏骨科的医术。

【家教名言】

演员如果无心学艺，马马虎虎去演戏，肯定成不了名演员。学医也是如此，对医学随随便便，不求上进，也决不会成为有名的大夫。

——李广海

慈孝友恭一堂吉庆，诗书礼乐满室荣华。

——先祖李待问家训

梁培基

药业翘楚，满门俊杰

【家族简史】

梁培基，顺德大都乡人，出生于木船作坊主家庭。其父梁奕乾因长子早夭，希望梁培基能继承家业，但梁培基对木船不感兴趣。20岁时，父亲安排他到友人所开的商店当学徒，他仍认为从商不是自己的理想，辞职回家。当时，恰好有其父的朋友力荐梁培基到外国教会开办的博济医院学医，他决心前往一试。当时有洋人会勾魂摄魄的传说，梁培基的母亲恐他被害，不肯答应，梁培基的父亲同意后，她才不再坚持，但要他改名“培基”，取意培本固基，不怕洋鬼子。

梁培基之后成为著名的民族工商业家、名医、制药商。他所制的“梁培基发冷丸”畅销华南。他投资创办了各类实业，以图救国，并以自己的物业作为革命据点，支持革命。梁培基子女梁尚立、梁尚任等10多人，在抗战初期加入地下党领导的抗日先锋队，后来连女婿、儿媳在内的20多人均参加了东江纵队，可谓是名副其实的满门革命俊杰。

【名人故事】

梁培基（1875—1947），原名梁缄，字慎余，民国时著名的民族工商家，早年毕业于博济医院附属南华医学堂，自清末开始从事医疗和医学教育，同时自设诊所，行医济世。他将奎宁掺和中药制成“梁培基发冷丸”，开广州制药业西药中制的先河，行销华南及东南亚。他创办了医学院、制药厂、卷烟厂，开发从化温泉疗养院、广州二沙岛珠江颐养园，以实业救国，支持革命。

18 世纪中期，广州较早开放“通洋”，西方文化逐渐传入。在东西方文化激烈碰撞的环境下，梁培基读完私塾就选择进入外国教会开办的博济医院附属南华医学堂学习西医，从此走上行医济世之路。

1897 年，梁培基从南华医学堂毕业，开始了一个现代医生的职业生涯。19 世纪末，华南地区连年疟疾横行。在人们还不知西医为何物的年代，梁培基已经开始使用“西药中制”的方法，不只让西药走近民众，自己也由此起家，由行医而制药——他以治疟疾有特效的“硫酸奎宁”为主要原料，配以中药甘草粉等制成“梁培基发冷丸”，及时投放到市场。

思维创新的梁培基还以极具新意的方式打“发冷丸”广告：第一天在报纸上打出“梁培基”三个字；第二天打出“梁培基发冷”五字，让人们猜想；第三天才完整打出“梁培基发冷丸”——广告刊出来没几天，就引起全城热议。当时治疟药十分缺乏，“发冷丸”疗效显著，很快就畅销华南各省区，不久更远销至港澳乃至东南亚，年销量达 100 万瓶，成为家喻户晓的名药。梁培基也由此走上致富路，成为广东药业翘楚。

当时中国因为受制于洋，中国医生不受重视，而一些洋医生则趁机作恶。1908 年，佛山号轮船上一个洋人踢死一个华人，然而即使有目击证人，有中国医生的死亡诊断，洋医生虚假的验尸报告还是包庇犯案的洋人逃脱了责任。这件事使梁培基十分气愤，深感民族尊严受到伤害，誓要夺回医权，同时也激发了他创办西医学校的决心。

怀着深厚的民族感情与雄心，梁培基联合陈子光、郑豪、刘子威等人筹资成立光华医务社，这成为广东第一所完全由中国人自办、中国人任教且用中文授课的西医学校。为了激励人们进入光华医学社，梁培基说服自己原在协和医科大学学医的大女儿梁霭仪带头入读光华医学社。

1927 年大革命失败后，屈臣氏汽水、鹰牌炼奶等外国商品充斥市场，为了提倡国货，夺回市场，梁培基创办了中华汽水厂、富强炼奶厂、民众烟等实业，并以“中华”“富强”“民众”这些振奋人心的词语为厂名。然而，受帝国主义挤压和资本主义经济危机的影响，这些实业都以破产告终。

梁培基的物业除了抢回中国市场还有另一个作用，那就是做中共的“据点”。梁培基的子女参加革命后，将父亲的许多物业，包括香港皇后大道中的药店、从化温泉的别墅、广州二沙岛的“江滨一号”等变成了地下党活动的“据点”。

【家风传承】

梁培基有40个子女，对于教育子女，他有自己的见解。他不束缚子女的思想，任其发展，定期在家里举行讨论会、读书会，自由发表意见；生活上要求简朴，子女满18岁都不许再用佣人；行为上必须爱国，清白做人，堂堂正正做事。

梁培基全家福

梁培基虽是个富有的实业家，却很注重培养子女独立自主的精神，推行公正、开明和自由的家庭教育，要求子女要学好本领，自己谋生。他早早定下不留家产的家规，家产全部捐献给社会，让子女之间没有财产纷争，和睦相处；他要求子女到18岁必须独立，可借钱给子女，但必须立字据，而且要收高额利息，因此，他的子女都奋发向上，各有所长。如著名外科专家梁尚农、内科专家梁尚博、妇科专家梁碧儿等均是梁培基的子女。

梁培基子女梁尚立、梁尚任等10多人，在抗战初期加入地下党领导的抗日先锋队，后来连女婿、儿媳在内的20多人均参加了东江纵队。1946年，五子梁尚桐被国民党捉住时曾被要求写悔过书，他坚决拒绝，最后死于狱中，时年18岁，成为烈士。

他的女儿梁庄仪、梁碧儿临终均将全部积蓄捐献给公益事业，梁霭仪捐献遗体。解放后，他的子女媳婿，被选为全国、省、市、区的人大代表或政协委员的有近 20 人，梁尚立还曾任广州市副市长。

梁培基思维开阔，十分开明，他支持火化，让十三子梁尚任在他离世后把自己的遗体进行火化；然而，他也十分固执，认定的事就绝不更改。在梁培基的“江滨一号”，来往的多数是当时国民党的高官达人，看到其中的腐败现象后，他支持孙中山革命，并教导子女切莫与腐败分子交往。孙中山就任临时大总统时，曾请梁培基出任卫生局长，他也婉拒了：“我可以请官吃饭，彼此是平等的。但一做官，便有上下级关系，反而不好!”

梁培基十三子梁尚任回忆说：“父亲是个很特别的人，一方面思想开明，不干涉我们的思想，提倡科学；另一方面他又要求我们不管从事什么工作，做人都要清清白白，做事都要堂堂正正，绝对不能做有害社会的事情。”孙女梁少华说：“受爷爷的影响，梁家全家上下都不求名利，只求兢兢业业做事，低调做人，在自己的专业上有所成就。”

【家教名言】

我养子女，不希望他们孝顺我。子女好不好，不是看他们对我如何，要看他们对社会是否有益。有的人家出孝子，但这孝子却在社会上作恶，这是不可取的。我要求子女起码不要有害于社会，如能对社会有益，做出贡献更好。子女不属于我，是属于社会的。

——梁培基

梁翰芬

四代名医，春满杏林

【家族简史】

梁翰芬，祖籍番禺禺北兔岗村，监生（一说贡生）出身。梁翰芬初以教学为生，后拜当地的名中医为师，走上了从医之路，在清末民初的省医生考试中一举夺魁。随后，受聘于广州方便医院，专门为穷人赠医赠药，医术进步很快。梁翰芬后人名医辈出。其子梁具天，毕业于广东中医药专门学校，曾以粤港澳中医师第一名的成绩被招聘到越南华侨医院。梁翰芬之孙梁颂名，从北京医学院毕业分配到广州中医学院工作，1999 年起享受国务院特殊津贴，在香港中文大学中医学院任教授。梁翰芬的重孙梁思潜、梁思力，均在香港从事医学教学工作。

【名人故事】

梁翰芬（1876—1960），早年从儒医杨某习医，后任广州方便医院医师，曾任教于广东中医药专门学校、光汉中医学校、华南国医学院、广州和香港保元中医学校、广州汉兴中医学校。新中国成立后，历任广州市第二人民医院中医顾问、广州中医学院教师、广东省中医药研究委员会委员，为广州市第二届政协委员。梁翰芬精于诊断，尤重视脉诊、舌诊，著有《诊断学讲义》（1935 年）、《眼科讲义》（1929 年）、《辨舌疏证》、《痛症案疏》、《脏腑药式》等，培养弟子甚多。

在梁氏家族三代行医的历史之中，两次惊动过卫生部。20 世纪 50 年代，广州中医学院刚成立时，为了让孙子梁颂名继承自己的中医事业，梁翰芬亲自致电卫生部部长，希望梁颂名分配到广州中医学院。在卫生部的协调下，梁颂名从北京医学院毕业后直接到广州中医学院工作。1999 年，香港中文大学成立中医学院，希望邀请 60 多岁的梁颂名前去任教，而广州中医药大学不愿让贤，香港中大请求卫生部出面协调，梁颂名才去了香港。祖孙俩两次惊动卫生部，从侧面反映出了梁氏一族在中医界的影响力。

晚清年间，梁翰芬学习中医。作为清末的监生，梁翰芬起初以在乡间教书为主，可能是受到同乡中医治病救人的感召，梁翰芬拜当地的著名中医为师，走上了中医的道路。在清末民初的广东省医生考试中，梁翰芬一举夺魁。随后，梁翰芬受聘于广州方便医院。方便医院原是一家慈善医院，乃广州九大善堂之首。梁翰芬凭借自己的医术，挽救了不少重病患者的生命。

1918 年，梁翰芬回到家乡附近的鸦湖村执教私塾，并收徒授医。随后，梁翰芬在广东中医药专门学校任教。这家学校在广州中医史上有着重要的地位。其间，梁翰芬编写了《诊断学讲义》《眼科讲义》等教材。当时，国民党政府提出废除中医药，引发全国激烈讨论。1931 年南京中央国医馆成立时，广东中医药专门学校校长陈任枚带领梁翰芬等 11 名广东著名中医出席大会，在会上抨击了当局的政策。

1934 年，广州中医邓柏游、谢香浦等人筹办了广州汉兴中医学校，梁翰芬就在该校任教。汉兴国医学校先后几次迁址，广州解放后，迁到大同路 104 号，梁翰芬代理校长。学校教学以中医经典为主，要求学生研读《内经》《伤寒论》《金匮要略》等经典医籍。这期间，靳瑞以优异的成绩考进了汉兴中医学校。靳瑞回忆说，当时梁翰芬是校长，年纪比较大了，给学生上课不太多，他直接见到梁翰芬的机会也少，但学校在梁翰芬的悉心管理下发展得很不错。1952 年 9 月，汉兴国医学校并入广东中医药专科学校。

1956 年全国成立了四所中医学院，北京同时成立了中医研究院，周总理主持，在全国聘请名老中医。在广东请了梁翰芬，但梁翰芬并不想去。孙子梁颂名曾问祖父为什么不去，梁翰芬说："第一我不会说普通话，一大把年纪了还要重新学普通话。第二，北方的气候干燥，冬天寒冷，我受不了。"

梁颂名回忆说，广州市原市长朱光经常来家里看病，朱光得了急性肝炎，脸色很黄，梁翰芬给他开了两服药，就把急炎煞住，随后便逐渐恢复了。因此朱光还介绍了很多领导来找梁翰芬看病。

【家风传承】

从 20 世纪 30 年代一直到 50 年代，梁翰芬在广州中医药界都有着举足轻重的地位，培养了很多学生，比如杜明昭、杜蔚文、罗元恺、邓铁涛等，他的子孙在医术上也代有传承。

梁翰芬的儿子梁具天从小跟随他学医。梁具天和父亲的从医历程颇有相似之处，他在广东中医药专门学校毕业之后，可能是得到梁翰芬的建议，进入了方便医院工作。抗战以后，梁具天在广州和南海的善堂行医，并在多所中医学校任教。1956 年，在广州市第二人民医院任中医师。梁具天专长妇科学，担任多届中医学习班的兼职老师，还亲自带教 10 多名中医学徒。工作期间，他潜心研究，积累了丰富的治疗经验，挽救了不少危重病人，被当时的院长梁毅文称为"再世华佗"。1979 年，梁具天被授予"广州市名老中医"称号。

在梁翰芬的直接教导之下，梁具天之子梁颂名也走上了中医的道路。从北京医学院毕业后，一直在广州中医学院（广州中医药大学）工作。梁颂名是广州中医药大学原方剂学首席教授、中药系原主任、中药研究所原所长，是国家突出贡献专家，享受国务院特殊津贴。梁颂名还任国家暨广东省新药评审委员、国家中药保护品种评审委员等职务。1999 年起，梁颂名在香港中文大学中医学院任教。梁颂名对方药学研究颇有成就，著作等身，教学经验丰富，其主编的《中医方药学》获卫生部科学大会二等奖。

梁翰芬在 80 岁生日那天写下了一首诗："执业已三十年，拯救苍黎超十万；教医逾二十载，算来桃李足三千。”《番禺志》编辑潘季波曾赠给梁颂名一首词，其中有“四代名医一脉传，杏林春满誉满天”，表达的是对梁氏家族的钦佩。这首词就挂在梁颂名的家中。

【家教名言】

我考第一名，不是偶然的，第一是我平时看病多，有经验，也得益于我平时看书很多。

——梁翰芬教育孙子梁颂名

何竹林

跌打药王，子孙悬壶

【家族简史】

何竹林，字炳，广东南海人，世代从医，祖辈精于伤科。何竹林的父亲何良显，精通武术，擅长骨科。受父亲影响，何竹林自幼习武学医，白天行医，晚上练武，曾师从胡贤拳师和少林派和尚学技。他运用医术治好了在被流弹穿破腹部致肠管外露的市民，获赠“破腹穿肠能活命”的牌匾，更有“粤海跌打王”“西关华佗”之称。何竹林的六个儿子均以骨伤科为业，四个女儿中也有两人从事中医事业。长子何应华不到 20 岁便坐堂应诊，解放后又接受中医系统教育，曾任荔湾区中医院骨科主任、院长等职务，受聘为香港骨科研究会名誉会长，是广州著名的骨伤科医生之一；第五子何超常则是广东省中医院骨科主任、香港骨伤科学会顾问、香港中医学会会立学校教授；最小的儿子何应权，早年毕业于广州中医学院，继承父业在母校任教。

【名人故事】

人们都知道黄飞鸿的佛山无影脚与宝芝林，而旧时广州西关，还有一位医术上的“黄飞鸿”。近一个世纪前，著名骨伤科中医何竹林（1882—1972）在西关是赫赫有名的传奇人物。何竹林自幼秉承家训，既习武又学医，后来与师兄游遍全国各地，最后回到西关，悬壶济世 70 年。何竹林以擅长骨科而闻名，是我国近代十大骨伤科流派的创始人之

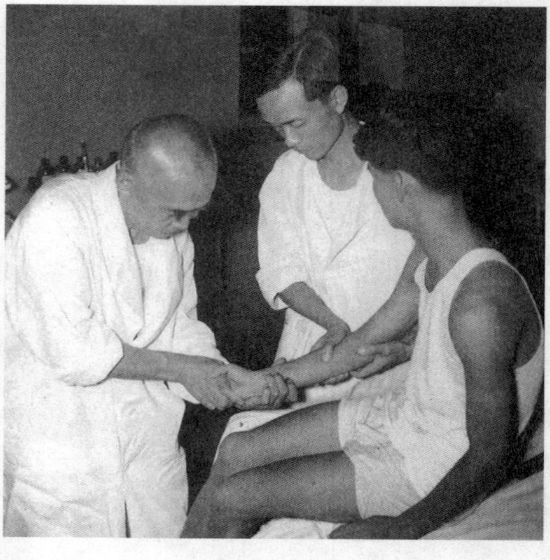

何竹林为学生示范骨科整复手法

一。与黄飞鸿不同的是，何竹林的医术比他的武术更为世人所乐道，比如“破腹穿肠能活命”的故事。他曾说：“庸俗的骨科医生是跌打佬，真正的骨科医生要有内科的知识和过硬的双手。”这也是他与一般骨科医生的分水岭。

1904年，何竹林游历学医归来，在广州西关挂牌设馆行医。开业不久，一位家住河南的老妇人被人送来求医。该妇人从楼上坠下，头部重伤，已昏迷数日。家人先把她送到长堤一家法国天主教会办的医院，洋医生见状，连连摆手摇头，说已无药可救。家人无奈，一边准备后事，一边想最后试一试，把老妇送至何竹林处。何竹林给病人服下“通脉止痛散”，经过一段时日的精心调理，终于使这位老人转危为安。何竹林妙手回春，救活了洋医生认为活不了的垂危病人，这消息不胫而走，轰动全城。

1924年，广州一市民在商团事变中被流弹穿破腹部，肠管大量外流，出血不止。伤者被送至何竹林处，何凝神细看，采用“银花甘草水”外洗，再取米酒消毒，把肠管推回腹腔，后用麻线缝合伤口，外敷“解毒生肌膏”。伤者康复后，感激涕零，特制一块牌匾送给何竹林，上书“破腹穿肠能活命”七个大字。从此，何竹林名声更盛，被誉为“神医”。

1935年，西关一破房因年久失修倒塌，受伤者众多。其中一位年逾八旬的老人被压在残墙之下，获救时已昏迷不醒。老人头部重伤，脑浆外流，惨不忍睹，在场的人都认定他命不久矣。但经何竹林精心医治，老人死里逃生。他的家人感激不尽，赞扬说“何君仁心仁术，不啻再世华佗”。

日机轰炸广州，伤亡惨重。何竹林义愤填膺，组织民众救护队抢救伤员。抗战胜利后，他重操旧业，对劳苦大众送医赠药，分文不取。广州解放前夕，国民党炸毁海珠桥，何竹林一如既往，积极投身到抢救受伤市民的行列。

广州解放后，德高望重的何竹林连续三届担任市政协委员，参加了中国农工民主党。1956年，广州中医学院（广州中医药大学前身）创立，年逾古稀的何竹林受聘到该院任教。他遵照古人“师者，所以传道授业解惑也”的教诲，不仅在教学上呕心沥血，还把自己几十年来积累的骨科秘方、治疗手法和用药经验，毫无保留地公之于世。比如，人们称道的“田七跌打风湿软膏”，就是根据他献出的秘方制成的。又如，由他主编的《中华外科学讲义》《中医骨伤科学》等，就是他丰富的骨科知识和实践经验的结晶，也是他对中医骨伤科学的重大贡献。

【家风传承】

岭南骨伤科的一个特点是家族行医，一家行医，一族行医，这种世代传承有利于临床经验的传授和手法技术的改进。

何竹林与长子何应华、长媳潘少卿医师合影

翻开何氏族谱，可以看到，何氏家族自清以来世代行医，到了何竹林的父亲何显良这一代，因酷爱武术、擅长骨科，在方圆数十里的地方小有名气。正是受父亲影响，何竹林走上了习武学医之路；而何竹林的六个儿子也全都继承父业，声名远扬。

如今，何竹林孙子辈遍布海内外，但无论哪一处分支，总与何竹林传承下来的医术医德相承，也因此有了一些因缘巧合的故事。何竹林的曾外孙在一篇题为《唐人街寻亲之旅》的博客中谈到，他身在美国，受奶奶何筠仪（何竹林之女）所托，到唐人街上寻找舅父，一头雾水的他甚至连舅父名字都搞不清，只能报出何竹林的名号，结果竟然出现了一个“唐人埠通”组织，不但知道何竹林的事迹及何竹林每个儿子的名字，还将其准确无误地带到“何应衡医馆”（何应衡是何竹林之子、何筠仪之弟）。一直联系不上的姐弟，因父亲之名，再度在广州与旧金山之间牵上了线。

李主江，就职于广州市荔湾区骨伤科医院。自小受家庭影响，从事中医事业，先后师从何竹林弟子岑泽波、何竹林长子何应华学习中医骨伤科，并在何应华指导下整理编辑了《何竹林正骨医粹》一书。

据李主江说，何应华跟父亲何竹林学也要拜师，须点香案、要三跪九叩，学习时稍有疏忽，就要挨鞭子、被敲脑壳。而何竹林对儿子也不肯一下子就倾囊相授，经常教一点又考察一番，直到认为这个儿子的确能继承家业，才把最关键的医术传授给他，并且对何应华三令五申，不能随便传授给外人。何应华8岁时，在何竹林的支持下，还拜过光孝寺一位高僧习武学医，14岁也拜过番禺一位民间武林高手为师。

解放前，何竹林恪守家规，视验方为传家宝，不传外人，他只教三个儿子，亲生女儿都不教。当时，买药、配方都是何家父子动手，东家买几味，西家买几味，怕泄露了配方，配药时也不会让人看到。

解放后，何竹林得到政府和社会尊重，也得到了教育。他感到保守技术秘密不再必要，就把家传的骨科秘方贡献出来。后来，何竹林常去广州中医学院，指导学生学习骨伤科技术。何竹林还让自己的儿子买录音机，一方面便于自己改进授课方法，另一方面也想把一些知识留下来。

何应华继承了父业，是位负责、态度和蔼的好医生。找何应华看病的人很多，有时病人会为争先看病而吵架，这时，何应华会和蔼地对他们说："你们不用争，放心，我会帮你们看完才下班的。"他经常从上午看病看到下午1点多，连午饭的时间都错过。何应华常说的一句话是"但行好事，莫问前程"，他认为做医生是积德之举，不能太计较得失。

何竹林有六个儿子，大儿子何应华已过世，健在的儿子有五个，何应衡、何应基、何应璋都在美国开设医馆，当跌打医生，何超常在加拿大当医生，目前只有何应权留在广州，是广州中医药大学的副教授。

【家教名言】

中医西医，好比两个拳头，有两个拳头都比一个拳头好啊。

不识打拳，就不是跌打医生，以武助医，医武结合。

——何竹林教诲弟子与子孙后代

【巧思融中外】

艺术家

高剑父

独树一帜，画界奇葩

【家族简史】

高剑父，生于广东省广州府番禺县（今广州市番禺南村员岗乡），其祖父高瑞彩、父亲高保样均擅长医学、武术，亦能书画。高剑父自幼失去双亲，家境贫寒，曾在族叔的药店中做学徒，族叔能医善画，使高剑父从小就对绘画产生了兴趣。高剑父共有兄弟六人，他排行第四，五弟高奇峰与他同为岭南画派的先驱，一起致力于中国画改革；六弟高剑僧在高剑父的悉心栽培下画艺出众，也是著名画家，却因染病客死异乡，年仅23岁。

【名人故事】

高剑父（1879—1951），名仑，字剑父，后以字行，汉族，广府人，是中国近现代国画家、美术教育家、岭南画派创始人之一，更是一位革命者。高剑父还创立春睡画院，培养了大批人才，如黎雄才和关山月等人均出自他门下。

1879年10月12日，是传统历书的“大凶日”，高剑父正是在这一天出生。由于生辰不吉祥，高剑父差点被送到育婴堂去。高剑父的父亲力排众议，才将他留下来。高剑父少年时，父母与长兄早逝，曾学绘画瓷器等工艺品以谋生计，这成为高剑父踏上求艺之路的契机。

在亲友引荐下，14岁的高剑父来到“十香园”，随居廉学画。居廉与族兄居巢并称“二居”，是岭南乡土绘画的代表人物。高剑父天资聪颖，进步很快，颇得居廉的真传。

之后，高剑父在澳门从师麦拉，但由于时间短暂，不足以让他领会西洋画透视和尚形等特点。从1903年到1908年，高剑父多次赴日学习，在此期间他的技艺得到了极大提升。他一再强调“日本画即中国画”，称自己之所以赴日本学习，并非仅为了学习日本画的技法，更“不是要打倒古人，推翻古人，消灭古人”，而是为了寻求西方文明，改变审美观念，从而为古老的中国画注入新鲜血液。

在绘画界，高剑父一直都扮演着冲锋陷阵的角色，他的绘画作品中承载了很多前沿的科学知识，飞机、坦克、饼干、电线杆和西式火腿等新事物无一不是他的题材，而这些在传统国画画家眼里，已经是“离经叛道”。

高剑父画作《东战场的烈焰》

在高剑父的影响下，五弟高奇峰、六弟高剑僧也先后赴日本学习。二人早年受高剑父栽培，画艺各有千秋：高奇峰擅画走兽，其笔下狮、虎炯炯有神，有革命气象；高剑僧天资聪颖，少时即有画名，对“撞水”法有独到之见。可惜的是，正当高剑僧学成归国之际，突然身染时疫，客死异乡，这成了高剑父一生的隐痛。

除了画家的身份之外，高剑父也是革命者，早在1905年他就在东京加入了同盟会，参加过黄花岗起义。在起义前，所有仁人志士都以抓生死阄的形式分配任务，高剑父抓到了“生阄”，负责外围接济。虽然如此，面对清军的枪炮，他还是攀上屋顶扔下一枚炸弹，引来枪弹四射，导致右脚受伤，这是高剑父为清政府送出的第一枚炸弹。高剑父就这样以革命斗士的身份，一直坚持到送走清王朝的最后一程。

因为这样一段经历，高剑父一直心系国家。抗日战争期间，年近花甲的他多次组织举办春睡画院同人画展，为筹款赈灾贡献力量。高剑父还希望用自己的画笔唤起民众的觉醒和抗争精神，他的《东战场的烈焰》，就以凌厉的笔触痛陈日寇侵华的罪恶。

高剑父一生都与教育结下了不解之缘，他的教育履历中最为著名的一项，当数 1923 年创办春睡画院。春睡画院设有中西美术课程，学生们可以旁观博涉，多加尝试。高氏兄弟将美术教育视为“国画革命”的重要战略，高门弟子也不设门槛：有农民、报童，也有理发匠、茶馆学徒、打铁徒工。对于穷苦人家，画院一概减免学杂费，高剑父甚至不惜重金资助有潜质的学生留学，黎雄才赴日深造就得益于老师的支持。

抗日战争期间，春睡画院在日军轰炸下变为断壁残垣，直到 1946 年，高剑父回到广州，才重开了春睡画院。他还在原址创办南中美术专科学校，号召弟子回归共襄校务，高剑父任校长，李钊良为教导主任。画风多属岭南画派，每周举办观赏会、演讲会。

次年，应广州市政府邀请，高剑父又在春睡画院原址另创广州市立艺术学校，兼任校长，第二学期迁光孝寺，南中美术专科学校改称南中美术院，为美术教育做出了巨大贡献。

1949 年，高剑父第三次入澳，1951 年于澳门镜湖医院逝世，始葬于澳门西洋坟场，1961 年迁葬香港粉岭。

【家风传承】

在高励节的印象中，父亲高剑父是十分严厉的人，让他有些惧怕，但父亲平日很忙，来去匆匆，他又很期待见到父亲。

春睡画院旧址现为高剑父纪念馆，也是广州市美术家协会的展览中心，高励节 1936 年在此出生。高剑父特意为他取名励节，寄托了“时穷节乃见”的期望。然而，两年后日军占领广州，高励节还没来得及留下任何关于家乡的印象，就被带到了澳门避难。

高励节说，在澳门时，他们一家住在二楼，“因为父亲的名气，有不少人慕名拜访，父亲便在二楼垂下一根铁线，来访者一拉铁线，父亲就知道有人来了，他有时会叫我去应客，我就会傻傻地转述父亲的原话，说‘爸爸说他不在家’”。

因为1930年至1932年的东南亚和南亚数国之行，20世纪30年代是高剑父个人艺术事业的高峰期，名声斐然，“但是他很孤寒（广东话‘小气’的意思），不轻易赠画于人，而且生活非常节俭，底衫有很多洞。”高励节说，对于登门拜访者和求画者，父亲甚少相见，其中让他印象最深的，是来自中山的一名高级军官，“当时他们开着军用吉普从中山来到澳门，随行的还有带枪的卫兵，那阵势，把四周围的街坊都给惊动了”。据了解，在客居澳门期间，日本人看中高剑父的声望，曾催他出山，为了不让日本人找到自己，他经常躲到后半夜才回家。

高剑父不吝啬于将自己的技艺教授于人，因此才有了黎雄才和关山月等师出其门的岭南画派名家。受父亲影响，高励节在艺术方面也很有天赋。虽然如此，高励节说自己初时并没有学画的念头，反而有些害怕父亲，“在澳门时，他的画室很少让人进去。有一段时间，他身体不适，每次都叫我进去帮他系鞋带，我才有机会进去”。

当时全国对日寇同仇敌忾，“前线”更是很多年轻人向往的地方，所以高励节一直没有执画笔，直到小学的一次遭遇，才让自尊心很强的他萌生此念。“我的小学老师知道我父亲是高剑父，以为我也擅长画画，于是只是吩咐我一个人去完成一幅画作的家庭作业。”高励节说，“我当时肯定是交了一次失败的作业，觉得在老师和同学面前很难找理由搪塞，于是便对父亲说要学画画。”

受到父亲的耳提面授，在1953年报考大学的时候，高励节本想从师台湾师范大学艺术系教授黄君璧，但是最后却阴差阳错进了教育系。自此，画画的愿望就像一颗休眠的种子，一直到退休才又萌发。

1982年，在广州成为第一批国家级历史文化名城时，高励节思乡心切，与母亲翁芝回到了春睡画院。后来，黎雄才和关山月向他提议“恢复春睡画院，建成高剑父纪念馆”。1988年到1989年，高励节和母亲，以及姐姐高励华（美国某大学中国文学系主任、教授）先后将所珍藏的高剑父的诗、书法、画作和著述共314件2045页及春睡画院旧址捐献给广州市人民政府。

1993年，高励节被授予“广州荣誉市民”称号，同年获得这一称号的还有何厚铧和李嘉诚等49人。

凭借着天赋与学习的韧劲，高励节先后在香港大会堂及刘海粟美术馆举行个展，现为高剑父纪念馆名誉馆长、香港春晖画会名誉会长。不过，对于市场上部分标榜为高剑父画作的藏品，他很少去戳破这些“李鬼”的面具。“父亲流传在市面上的画，多是我来帮忙研墨的，父亲对墨的要求很高，我每次都要研磨很长时间才能让他满意，你说我能不能辨认出父亲的画？”他说自己从来不辨真假。

【家教名言】

无论学哪时代之画，总要归纳到现代来；无论学哪一派、哪一人之画，也要有自己的个性与自己的面目。

不单只为艺术而艺术，还要为中国画、为民族而艺术。最终，为人类而艺术，是我们最后的目的。

——高剑父

何氏三杰

艺术世家，音乐先驱

何柳堂像

何与年像

何少霞像

【家族简史】

何氏三杰分别为何柳堂、何与年、何少霞，他们来自广东番禺沙湾镇。得益于优渥的经济条件、开明的思想和活泼的民间艺术，何氏族人不仅文武双全还能歌善舞。从第二十世的“琵琶大王”何博众，到第二十二世的何柳堂与何与年，再到第二十三世的何少霞，他们成了广东音乐的开拓者、改革者、传道者，引领着广东音乐发展，留下了《雨打芭蕉》《赛龙夺锦》《饿马摇铃》等著名曲目。沙湾何氏第二十三世后人何贵龙，是1874年武进士，诰授武功将军（从二品），晋封振威将军（从一品），彰显了沙湾何氏文武双全的家风熏陶。

【名人故事】

何氏家族推行读书育人，但族内长辈只希望其子弟考取功名，不愿他们出外做官，担心仕途凶险。所以何氏宗族中的读书人，出现了“学而优不仕”的特殊现象，很多人只登科场，不上官场，更不愿为军阀卖命，考取功名后便归隐田园。

沙湾何氏第二十六世后人何孔称，那时就算当了官，也有不少人辞官归家，在田园诗书间求得清闲，人们谈天论地，发展音乐绘画等文化兴趣。知识分子阶层有深厚的文化素养，三五成群地聚集一起，或吟诗作对，或绘画挥毫，或棋坛对垒，尤其喜欢吹拉弹唱。日积月累，潜移默化，形成了沙湾音乐传统。在这块音乐传统的土壤里，产生了不少名伶和音乐名家，近代的何博众与“何氏三杰”便是其中的代表。

其实深究起来，沙湾的音乐传统更为久远。据《何氏族谱》记载，元代的何文可“善弹琵琶”，他的原配夫人区氏出身名门，“亦通音律”，与其夫唱妇随。他们的两个儿子何子霆和何子和，也“学律吕之学，闲以丝竹之音以奉于亲”。这是沙湾人擅长音乐的最早文字记载。此后，音乐人才层出不穷。

沙湾毗邻港澳，鸦片战争以后，旅居海外的人颇多，对西方文化艺术接触较早，既继承和发扬了传统文化，又中西合璧，兼容并包，富有创新精神。

何博众（1833—?），号仙侪。清朝嘉庆年间，以他为代表的一群音乐爱好者，不仅善诗作对，又深谙粤讴、南音、杂曲等南粤民间艺术。他们学习和借鉴西方乐曲的精粹，创作了一批刚健清新和具有浓郁生活气息的乐曲，如《赛龙夺锦》《雨打芭蕉》《饿马摇铃》等。这些作品虽简单粗糙，却为后来广东音乐的发展奠定了基础。

何博众不仅博学多才，而且诲人不倦，甘当伯乐，对同辈及后代影响极大。他发现仆人何章是学艺的好材料，便对其悉心栽培，何章随后成为当时走红的名旦。他发现孙儿何柳堂的音乐天赋，也培养他走上了音乐道路。家族内的其他后辈，如何与年、何少霞两位广东音乐名家也自幼受到他的音乐教育。可以说，何博众是广东音乐的先驱，又为广东音乐造就了一批人才，使番禺沙湾成为广东音乐的发源地。

民国初年，是广东音乐从孕育诞生到自成一体的成熟时期。何柳堂（1874—1933），名森，字与乡，他在继承祖父何博众等前辈技艺的基础上，将音乐进一步发扬光大，不仅技法更成熟，还将朴素的现实主义发展到浪漫主义，抒发内心世界。他继承何博众“十指琵琶”的弹奏技法，创新了《赛龙夺锦》《鸟惊喧》《回文锦》《七星伴月》等数十首名曲，在广东音乐中引领风骚。

何与年（1880—1962），名树人，跟随堂兄何柳堂学习琵琶，又精通三弦、洋琴等乐器。他创作了《广州青年》《冷雨凄风》《珠江夜月》等作品，是多产的广东音乐家。何与年对粤曲唱腔也很有研究，他通过音乐手段解决了静场问题，形成独特的“过场音乐”，使广东音乐成为粤剧不可分割的部分，为粤剧改革做出了一定贡献。

何少霞（1894—1942），名振渠，又名振篪，字乾调。在家族音乐环境的熏陶下，自幼就跟随何柳堂、何与年学习音乐，进步很快。他不仅琵琶技法精深，对二弦、南胡等乐器也十分娴熟，创作了《将军试马》《陌头柳色》《桃李争春》《吕宫戏水》等曲子，他的《陌头柳色》《夜深沉》《白头吟》等作品至今依然脍炙人口。何柳堂、何与年、何少霞这三位杰出的音乐家并称“何氏三杰”，缔造了广东音乐的黄金时代。

【家风传承】

据何氏族谱记录，沙湾唯一的武进士是甲房第二十三世祖何贵龙。何贵龙（1843—1910），原名满桔，字厚翊，号在田，初为番禺县学武生，于清同治六年（1867 年）乡试中武举人，十三年（1874 年）会试获第二十四名，殿试三甲得第五名，成武科进士。何贵龙的孙子何志观说起自己的爷爷便十分自豪：“从小我就知道爷爷是武进士，但那时特殊，不敢声张，可打心底里还是为此骄傲的。”

何贵龙常年在外当官，死后却得到沙湾族人的拥戴和帮助，不仅因为他为官清廉，还因为他为沙湾做了一件大事。原来，何贵龙于回乡守制期间，正值当时官府清理整顿番禺辖内的沙田，有外姓人家觊觎沙湾、大鹏、濠下、二沙等 40 余顷早已围成耕地的沙田，串通官吏瞒报县衙，诬该田为自然冲积而成的新生无主溢坦田，企图由官府充公后私下伪做报税文书承耕，从而霸占这些田地。

何志观说，何贵龙得知此事原委后，把事情的真相如实禀告总督府衙，要求重新审理。此时，该外姓人家恐惧万分，派人拿重金赠给何贵龙，试图劝止。何贵龙坚决不收贿赂，并更加关注这件事情的发展。最后督促官府查明事件的真相，惩罚了外姓人家，把沙田归还给原业主耕种。

何贵龙家中虽不像其他族兄富有，但也不利用官职为自己谋一份额外利益。何志观记得父亲说过，何贵龙年迈时曾想回来沙湾养老，但是家中的房屋已经分给子女成家立业，自己又没有存款可以再建房屋。得知他的情况后，沙湾乡亲们出钱出力，为何贵龙新建了一座房子居住。

何贵龙一直教导子女要踏实做事正直做人，因此，何贵龙的十个子女都非常勤恳朴实。“我爸爸是爷爷的第十个儿子，爸爸出生的时候爷爷常年在外，所以我父亲受到的教育没有伯父们多，但父亲也是十分勤恳地耕种，不是文化人却也是老实正直的庄稼人。”何志观开玩笑说，父亲是庄稼人，也没有分到多少土地，因祸得福，后来在“斗地主”时期也没有像其他族兄那样受到打压和批斗。

【家教名言】

阴德源从宗祖种，心田留与子孙耕。

——何氏祖训

蔡楚生

自强不息，电影巨匠

【家族简史】

蔡楚生的祖父蔡建之，早年因家贫而离开故乡潮阳去外地谋生，后辗转到上海经商，其长子蔡良即蔡楚生之父。蔡良受过正规教育，虽从商，但爱好书画。蔡楚生之母郑清修是潮阳县城人，从小随父母在上海生活，粗通文墨，喜欢戏曲，擅长剪纸、刺绣。蔡楚生是蔡良与郑清修的次子。1912 年，蔡楚生的祖父举家返回潮阳故里定居，后又与乡人合资经营百货批发店。父辈们因商起家，都希望蔡楚生也走上经商之路，因此蔡楚生自小就被送到店里当学徒，但蔡楚生自强不息，追求梦想，通过努力奋斗成长为“世界级电影宗师之一”“中国现实主义电影的奠基人”“中国进步电影的先驱者”。蔡楚生的儿子蔡明，接过父亲的“接力棒”，从一个普通的电影工人，奋斗成为北京电影制片厂的总工程师；蔡楚生的嫡孙蔡伯洪，现在已是华夏艺术中心的副总经理。

【名人故事】

蔡楚生（1906—1968），原名蔡通，字茂楚，祖籍广东潮阳（今属汕头市）。他凭借着自强不息的精神，努力拼搏，最终成长为“中国现实主义电影的奠基者”。新中国建立前所拍摄的1300多部电影中，有四部电影最广为人知，除《姊妹花》是其师傅郑正秋所作外，其他三部《渔光曲》《一江春水向东流》《都会的早晨》均出自蔡楚生之手。法国电影历史学家乔治·萨杜尔在编写《世界电影史》一书时，曾评选出世界上最知名的二百个电影艺术家，蔡楚生是其中唯一的中国人。

1906年1月12日，蔡楚生在上海出生，6岁时随家人返回原籍潮阳生活。由于家境贫寒，蔡楚生只读了4年私塾，就被父亲送到杂货店里当学徒。一次，杂货店的账房先生夸赞自己11岁的儿子已经会写信了，嘲笑从乡下来的蔡楚生认不得几个字。这番话刺激了12岁的蔡楚生，他决心通过努力来改变自己的现状。他用包货物的旧报纸做课本，以广告画、商标纸为美术教师，靠字典刻苦学习。面对人生逆境，蔡楚生激发出了巨大的潜能，少年阶段正是他形成自强不息品格的关键时期。

1925年，19岁的蔡楚生参加了“汕头店员工会”，组织了“进业白话剧社”，自编自导自演，积极开展文艺宣传活动。

1929年，23岁的蔡楚生经潮汕老乡、著名导演郑正秋介绍，进入明星影片公司当副导演，协助郑正秋拍摄《战地小同胞》《桃花湖》等6部影片。1932年，蔡楚生独立编导了《南国之春》《粉红色的梦》等影片。

遗憾的是，这些影片并没有得到广大观众的认可。在那个群情激愤的年代，蔡楚生这种抒发个人情怀、小资产阶级情趣的影片遭到了左翼电影人的批评。蔡楚生也反省了自己的创作，开始关注人民大众的生活。他还借鉴了卓别林的表达方式，对电影进行深入理解，将主张艺术的观念和大众心理结合起来，随后创作出了一部成功的影片——《渔光曲》。

1934年，在国民党反动派猖狂迫害进步电影的白色笼罩下，蔡楚生以满腔热情，编导拍摄了轰动影坛的《渔光曲》。这部影片分两条线索交叉叙事，一条讲述贫苦渔民一家的悲惨命运，另一条讲述一个富家船主的家道中落。影片关注社会底层生活，将人民大众凄惨的生活艺术化地呈现在观众面前。电影是一种大众化的艺术，蔡楚生做到了这一点。此外，蔡楚生还在《渔光曲》中制造了很多戏剧性的效果。

电影《渔光曲》在上海金城大戏院首映后，连放84天，创造了中国电影史上空前的观影纪录。喜欢这部影片的不但有中国观众，还有国外的电影专家。1935年2月20日影片《渔光曲》在莫斯科国际电影展览会上获得荣誉奖，电影展览会评委对蔡楚生做了充分的肯定，称蔡楚生勇敢卓越地对中国人民的生活和优秀品质进行了现实主义的描写。这是中国电影首次在国际电影节上获奖，也使蔡楚生成为第一位国际知名的中国电影导演，那一年蔡楚生才29岁。

《渔光曲》海报

从那以后，蔡楚生开始更多地关注百姓的苦难，并获得了更深刻的感悟，对自己未来的创作方向也有了清晰的认识。1947年，蔡楚生与郑君里联合编导了《一江春水向东流》（分上下集：《八年离乱》和《天亮前后》）。这是蔡楚生电影生涯中最重要的代表作，作品的思想性和拍摄技术都达到了艺术巅峰。

《一江春水向东流》在全国上映后引起了强烈反响。据统计，从1947年10月至1948年1月，《一江春水向东流》连映三个多月，观众超过71万人次，创造了中国电影的最高卖座率，被誉为“中国电影史上第一部史诗式影片”“中国现实主义电影的里程碑”。

“为中国的电影事业奋斗终生”，这是蔡楚生的人生追求。但不幸的是，一场空前的政治浩劫夺去了这位杰出电影艺术大师的生命。1968年7月15日，蔡楚生在北京去世，时年62岁，《渔乡儿女斗争史》是他导演生涯的最后一部作品。

一代电影大师已经逝去，但人们并没有将他遗忘。在纪念蔡楚生诞辰100周年时，人们特意在蔡楚生的家乡广东汕头塑起了一尊蔡楚生的纪念铜像，缅怀这位伟大的电影巨匠。

【家风传承】

提起父亲蔡楚生，蔡明十分自豪：“我爸爸的一生，非常执着于艺术追求，是一个专业严谨的艺术家；而在家庭中，他对子女仁慈关爱，是一位负责可敬的父亲。可以说，他的一生，就是汕头人自强不息、奋斗不已的缩影和典型。我们为爸爸而自豪。”

蔡明是蔡楚生唯一的儿子，原先是北京电影制片厂总工程师。蔡明有三个姐姐，最大的已经 76 岁。其中，两个姐姐跟他一样住在北京，一个住在广州。姐弟四人一直相处得很融洽，蔡明说，这跟他们有一个仁慈宽厚的好父亲有关。在蔡明的印象中，蔡楚生是一个幽默风趣的人。蔡明记得自己小时候很懒散，最不喜欢理头发，一头长发就像是杂草丛生。蔡楚生就开玩笑说，那是茂盛的茶树，他就是采茶的“姑娘”。

据蔡明回忆，父亲对亲戚朋友同事非常随和宽厚，跟大家总是有说有笑，但对自己的要求却很严格。蔡楚生小时候只上过 4 年私塾，没有接受过正规教育，但他勤奋好学，付出了比别人多几倍的努力。蔡楚生对工作更是一丝不苟。蔡明记得，父亲第一次承担写电影字幕的工作，一个人关在房间里两天两夜没出来；每回剪辑电影片子，父亲总要抱一摞香烟，一整夜一整夜地蹲在片场边，直到剪出满意的片子。1947 年拍《一江春水向东流》时，蔡明才五六岁，那时蔡楚生已经积劳成疾，患上严重的肺结核，前期拍摄现场也已交给了郑君里。但蔡楚生仍坚持抱病在家中“遥控”，特别是后期剪接、配乐时，蔡楚生都亲自把关，钻进剪辑室夜以继日地工作。蔡明至今仍记得，那次跟父亲到片场，看到病重的父亲站在台桌上，指挥若定，仿佛就是一名在战场上运筹帷幄的“将军”。每每想起那情景，蔡明心中就充满了对父亲的敬爱和自豪。

蔡楚生曾希望儿子学电影，继承他的衣钵。但蔡明自认缺乏父亲的那份才情，而对技术性的工作更喜爱一些。蔡楚生虽有些遗憾，但仍然开明地支持儿子的选择，并时常鼓励蔡明努力学习，提升自己。蔡明从一个普通的电影技术工人做起，一直没有停止对业务知识的钻研和学习，并逐渐成长为北京电影制片厂的总工程师，成为电影技术方面的权威。他说，是爸爸自强不息的精神，激励着他成长。

蔡明说，蔡楚生一生都对家乡有着浓厚的乡情，一直没有忘记自己是一个汕头人，他将这份乡情糅合进了电影艺术中。在蔡楚生 20 世纪三四十年代拍摄的电影作品中，观众能依稀感受到如丝竹般优美的潮乐、淳朴悠闲的潮汕功夫茶画面。据蔡明介绍，蔡楚生一生最喜爱的地方戏曲就是潮剧。五六十年代，汕头潮剧团到北京演出，蔡楚生知道后，马上邀请潮剧团的同乡演员到自己家中欢聚长谈，他对表演潮剧的朋友很尊重。蔡楚生说，潮汕有着丰厚的文化底蕴，潮剧是古老的戏剧，潮乐是古老的戏乐，是值得尊重的。对来自家乡的亲朋好友，蔡楚生也都十分关照，尽己所能帮助他们。他常对蔡明说，潮汕人在外面拼搏不容易，能够成功就更不容易，靠的就是大家团结互助，相互照应。

蔡明说，自己一生最遗憾的事就是没有学好一口地道的潮汕话。1989 年，家乡为蔡楚生在潮阳文光塔竖起一座铜雕，邀请蔡明来汕头，蔡明深深地感受到父亲在家乡受到的尊重和敬爱。

【家教名言】

做事就要做到最好，做人一定要自强不息。

——蔡楚生

冼星海

爱国为民，音乐大家

【家族简史】

冼星海，广东番禺人，1905年生于澳门一个贫苦的渔民家庭。其父冼喜泰从事打鱼及航海业，在冼星海降生前半年被大海吞没了生命。冼星海出生后至7岁，寄居外祖父黄锦村家。1912年，扶助冼星海母子度日的外祖父亦病故。冼星海的母亲名为黄苏英，广东番禺榄核村人，是个勤劳、淳朴、善良的农村妇女，未受过教育，通过自学识字，但不能写。虽然给人当佣工，饱尝人间悲苦辛酸，但仍想方设法让冼星海上学。

【名人故事】

冼星海（1905—1945），曾用名黄训、孔宇，原籍广东番禺县，出生于澳门。他是中国近代著名作曲家、钢琴家，被毛泽东称赞为“人民的音乐家”。他短暂的一生创作了500多首脍炙人口的革命歌曲，为中国的新音乐运动做出了伟大的贡献。他的代表作《黄河大合唱》在抗战时期更是激发了无数中华儿女奋发向上、抗击外敌的豪情壮志。

冼星海的父亲在其出生前去世，家庭陷于贫困之中，冼星海与母亲相依为命，在番禺难以谋生。后来经过乡邻介绍，黄苏英带着7岁的冼星海乘轮船到新加坡去当女佣人。

冼星海与母亲到达新加坡后，在新加坡华侨总会的帮助下，到了一家华侨富商家当佣人。冼星海除了跟母亲做些力所能及的杂活外，还要陪着小主人一起玩耍。稍长大后他就给少爷当伴读，有时可以拿少爷的课本看看，不懂的地方可以问少爷。

1918年春天，广州岭南大学创始人、著名教育家钟荣光赴新加坡筹募办学经费，偶然间发现冼星海热爱音乐，擅长箫笛，颇有音乐天赋。于是，在征得黄苏英同意后，钟荣光带着冼星海回国，让冼星海在广州岭南大学华侨班免费读书。

1926年，冼星海为了提高音乐水平，赴京进入北京大学音乐专习所学习作曲理论；1927年他考入上海国立音乐学院音乐系进行深造。冼星海到上海后加入了中国左翼文化运动戏剧团体南国社（由田汉任社长，主要成员有陈白尘、洪深、郑千里等），该社以“团结能与时代共痛痒之有为青年，作艺术上之革命运动”为宗旨，冼星海积极投入到配合革命斗争的戏剧活动中。后来，冼星海因参加进步学生活动，被上海国立音乐学院开除学籍，他想到了出国留学。

1929年，冼星海赴法国勤工俭学，进入巴黎艺术专科学校半工半读。冼星海在西方求学期间，饱受西方列强对弱小民族的歧视。回国途经伦敦时，英国海关竟不准他入境，他被扣留了几个小时。回国后，他曾指挥上海工部局的管弦乐队演奏贝多芬《第八交响曲》，可这个乐队中没有一个中国人。冼星海深切体会到民族受压迫的苦难，从而走上追求革命的道路，以音乐发出了解放民族的呐喊。

冼星海从法国学成回国后成了名人。国民党想利用他写颂歌，唯利是图的商人也开出重金让他写“桃花窝里美人多”之类的商业歌曲，他都不为所动。冼星海精心为进步电影《复活》《雷雨》《大日出》《夜半歌声》等作品配曲，为了抗日救亡，他不收取一分一毫的报酬。1938年冬，冼星海奔赴延安担任鲁迅艺术学院音乐系主任，并在延安“女大”兼课。

1939年春，诗人光未然因伤到延安进行治疗，在延安开荒的冼星海听说后去探望了这位老友。光未然在病床上用5天时间就写完了一首长诗《黄河吟》，在之后的窑洞朗诵会上，光未然朗诵了这首诗。冼星海听罢，一把将诗稿抓在手里，激动不已地说要将这首诗谱写成“中国第一部新形式的大合唱”。冼星海把对祖国命运的关注，对民族受压迫的悲愤，对党领导的革命战争的颂扬，对抗战胜利的信心全部倾注在音乐创作中。他仅仅用了6天时间，一部气势恢宏、澎湃激昂的《黄河大合唱》就创作完成了！

1939年5月11日，在庆祝鲁迅艺术学院一周年纪念音乐晚会上，《黄河大合唱》成功演出。当时，乐队只有两三把小提琴、二十来件民族乐器，低音弦乐器是用煤油桶制成，打击乐器有脸盆，大把的勺子放在搪瓷缸子里摇晃的声音也被造成效果。这支原始的乐队烘托着40多位热血青年放声高唱，《黄河大合唱》从此传遍了延安，响彻了中国，飞向了世界。

《黄河大合唱》反响如此强烈，因为这部作品唱出了民族解放斗争的吼声，反映了全国人民抗日的决心。周恩来说：“我们多少同志正是在这些抗日歌曲鼓舞下参加了抗日，到前线进行斗争的。”《黄河大合唱》像一支永远震响的号角，鼓舞人们在新的征途上奋斗。

【家风传承】

冼星海的母亲黄苏英，名不见经传，既平凡又伟大，她一生默默无闻、任劳任怨，用无数的艰辛劳动与心血将冼星海培养长大，为此，冼星海也十分孝顺母亲。在法国求学艰难时，他从不把困难告诉母亲，在一封给母亲的信中他这样写道：“为祖国的音乐事业，我们母子二人付出了艰辛的代价，只待我学成归来，报效祖国……谢谢妈妈为儿作出的巨大牺牲……”

1983年冼星海的骨灰从莫斯科被接回祖国，安葬在北京八宝山革命公墓。墓碑上刻有11个大字：“中国人民音乐家黄训之墓”。黄训是冼星海为了纪念他的母亲黄苏英而改的名字，意为生死不忘慈母哺育与教导的恩情。

1940年，冼星海受党中央派遣，前往苏联执行任务，为电影《延安与八路军》进行音乐创作和后期制作，当时他的女儿冼妮娜只有几个月大。1945年冼星海在莫斯科病逝，冼妮娜与父亲相处的时间就只有出生后的几个月。“我对父亲的印象一方面来自母亲的讲述，另一方面通过跟父亲的学生接触，从他们的身上去了解。”冼妮娜说，长大以后她唱父亲创作的歌，看他的论文、书信、日记，参加父亲的纪念活动，通过各种方式了解冼星海的一生。

冼星海全家福

虽然不曾与父亲交谈过，但冼妮娜对于冼星海的印象却清晰而深刻："父亲是一位有着坦荡胸怀、赤诚心地、炽烈感情的人，为了革命事业，他远离祖国和亲人，在严酷的战争环境里，离别的愁苦、病痛的折磨，都不曾使他放弃生活的信心和共产主义信仰。"冼妮娜没有像冼星海一样学音乐，由于当时国家建设的需要，她在读大学时选择了工科，毕业后从事飞机制造工作。"虽然我和父亲从事的工作不同，但我们的人生目标都是爱祖国、爱人民。"冼妮娜说，"'星海精神'一直激励着我，要在自己的岗位上努力工作，为国家做出一定的贡献，我也一直以此来教导子女、激励子女。"

冼星海赤诚的精神融进了冼妮娜的血液中。在冼妮娜家里，几乎没有一件成品家具，书架是女婿用集装箱改装的，桌子、凳子是女婿用废木板拼装的，这些简易的家具都没有漆过，裸露着古旧的原色。家里生活条件虽然艰苦，但她从没有向组织提过任何要求。

退休后，冼妮娜把大部分精力投入到冼星海的手稿、曲谱和论文的整理工作中。"有这样一位前辈，我们就有责任去学习和宣传他。"冼妮娜说，希望父亲的精神能影响和激励更多的人。

【家教名言】

在这个大时代里，我们要把自己的所能贡献给民族，贡献给党，不要时常挂怀着自己的幸福，因为我们的幸福是以解放民族、解放人类为目的的。

——冼星海

【创新领潮头】

科学家

邹伯奇

科研奇才，中国牛顿

【家族简史】

嘉庆二十四年（1819 年），邹伯奇出生于广东南海泌冲，其曾祖父邹士琛在泌冲村开设了颇有声望的“文园家塾”，教书育人。其祖父邹能纠子承父业，在乡里开设“芸宬家塾”。邹伯奇父亲邹迪元是邹能纠的长子，同样承继祖业的私塾做教书先生，家富藏书。邹伯奇出生于教育世家，自小就跟着父亲学习算术。邹伯奇的外祖父是南海儒林知名诗人，爱好古代算学并颇有研究，邹伯奇 10 岁就跟随外祖父学习《周易》《九章算术》等等。据考证，邹伯奇是宋朝大臣邹浩的后人，邹浩原籍江苏常州晋陵（今属武进），是当时的“谏官五御史之一”。他因谏言引致哲宗皇帝的不满，被革职流放今广东新兴。后来邹氏后人迁往泌冲直到现在，族人约三千多人。邹伯奇则是邹浩的第二十三世孙。

【名人故事】

邹伯奇（1819—1869），字一谔，又字特夫，晚清著名科学家。对光学、天文学、乐律学、数学、力学、地图绘制和各种天文器械制造都很有研究，发明了中国第一部照相机，著有《摄影之器记》等较为全面系统的摄影技术文献，并利用摄像技术测绘有广东和南海地图。不仅如此，邹伯奇还制造过望远镜、显微镜、七政仪等，同时又是近代墨学研究第一人。有“百科全书式的学者”美誉，成就堪称“中国牛顿”。

邹伯奇生于国难当头、内乱外扰的晚清，父亲是当地私塾的教书先生，邹伯奇自幼就受到了当时少有的数理启蒙教育。邹伯奇 10 岁时，他的秀才外祖父发现他聪慧过人，便将他接到家中教授《周易》《九章算术》和《周髀算经》等，为他日后研习西方文化和科学知识埋下了兴趣的种子。到 11 岁时，邹伯奇师从嘉庆丁丑（1817 年）进士梁序镛，阅读了《三统术》《弧角设如》《弧三角举如》等当时难得一见的珍本。而后，青年时代的邹伯奇已经能熟练运用数学方法论，扎实的数学基础为他往后跨学科学习研究提供了更多可能。

邹伯奇 17 岁时开始研究光学，当时曾有人以塔倒影的疑难问他，“阳燧照物，迫之则正，渐远则无所见，过此则倒，中间有物故也”？他在钻研北宋沈括《梦溪笔谈》时得到启发，深入研究光学，并撰写成《格术补》一书，透彻分析了“小孔成像”的光学原理。

1844 年，邹伯奇发明、制成了中国第一台照相机，那一年他才 25 岁。一年后，邹伯奇撰写的《摄影之器记》成为世界最早的摄影文献之一，被世人称为“中国照相机之父”。

事实上，邹伯奇的科学成就远远不只在摄影技术上，他在光学、天文学、数学、力学和声学等现代科学方面均有涉猎，可以说是我国近代“牛顿”式的科学先驱，在近代科学史上占据着重要地位。

而邹伯奇另一个突破性的成就，就是他将研究成果运用到地图绘制上来。在地图绘制方面，绘制经线纬线是当时一个高难度的课题。尽管地球球形说在 15 世纪末已经得到了西方的广泛认可，但是中国接收到这个信息比西方晚了 200 多年，当时甚至仍有多数人压倒性地反对球形说。而已经是科学先行者的邹伯奇却接受了这个理论，并很快开始进行相关研究。

邹伯奇摸索出用曲线来表示经纬线的画法，也开始运用摄影来绘制地图，他的摄影绘图为古老的中国实地实测、勘测地表地质开辟了一条光明道路，邹伯奇也成了现代地图绘制的先驱。他先后用自己的方法改绘了当时最具权威的全国地图《皇舆全图》（共66幅），改绘后的地图风行一时。另外，邹伯奇率领弟子绘制的家乡地图《广东省地图》《南海县地图》《浔冈洲地图》更是为乡人所称颂。在那个动辄就割地赔款的年代，广东正是入侵列强争夺得最为激烈的地方之一，邹伯奇一直以自己的方式表达着对家乡故土的热爱与守护之情。

为纪念邹伯奇，泌冲村内的主要交通干道被命名为伯奇路，路边建有伯奇公园，公园内有邹氏祖祠。离伯奇公园不远处有一座小桥叫泌水桥，是邹伯奇亲自主持修建的桥。当时的泌水桥桥墩设计不合理，且是木构，年久失修已成危桥。邹伯奇将木桩改为石礅，桥面两边改为石板，又将中间木板加厚，历时两个月完工。时隔百年后，桥墩至今还在。

邹伯奇一生都不贪图功名利禄，不求仕进，满足于秀才的功名。由于当时广东巡抚郭嵩焘的极力推荐，清廷曾两次召其到北京同文馆任职，邹伯奇都推辞不就。不久，曾国藩在上海创办江南制造总局，内设学堂，“请伯奇以数学授生徒”，邹伯奇还是没有接受，理由是“家居养母”。他唯一一次与官方的接触，是1864年受聘主持广东的地图绘制工作。不赴科举，不迷官场，邹伯奇视科学研究为使命。

跋山涉水，穿街走巷，邹伯奇最后累倒在工作场地，享年仅51岁。在他用自己创制的摄影器自拍的照片下有这么一首题诗：“平常容貌古，通套布衣新。自照原无意，呼之如有神。均瞻留地步，觉处悟天真。樵占鳌峰侧，渔居泌水滨。行将年五十，乐道织纤尘。”从这首诗可以看出邹伯奇性格中的耿直与幽默诙谐的一面，以及他安贫乐道的人生志趣。

【家风传承】

随着时代变迁，承载着家族历史的邹氏宗祠早在1994年前已经完全被拆了，“连一块砖头都不剩”。邹氏族人只能在伯奇公园内新建一个全新的、开放式的宗祠。当地政府也连续三年举办“伯奇杯”全国创意摄影大展，并成功创建了“省摄影之乡”，他们希望搭建一个平台让更多的市民，特别是年轻一代了解邹伯奇的事迹和精神。

伯奇公园位于泌冲村建设大道和伯奇南路的交叉口，泌冲村和广州只是一水之隔，从黄岐镇前往广州的客车大多经过这个路段。在伯奇路边一座祠堂式的建筑外观上面写着四个金色大字“伯奇公园”，在一片扬起的灰尘和喧嚣的噪声中，它如一个冷静的智者，似乎未曾被外界的聒噪打扰。

邹忠廉，邹伯奇的玄孙，已年过七旬，仍坚持在伯奇公园内做清洁工作，用自己的方式缅怀先人。“我们之前一直在为宣传先人而努力，希望伯奇公园能把邹伯奇的事迹更好宣扬出去，让更多人了解先辈的创新精神，这样能圆了我们邹氏后人的心愿。”邹忠廉坚守岗位，接待了一批又一批来自广佛等地的摄影爱好者和游客。

距离雕像不足百米的公园门口右侧有一间邹伯奇纪念室，室内陈列出上百张邹伯奇的资料或图片。邹伯奇玄孙邹信廉介绍，这些文字和图片大多是复印件，原件均存放于广州博物馆。1954 年邹信廉因为担心搜集的资料得不到妥善的保护，将搜集到的邹伯奇各种资料带去广州，捐给了广州博物馆，包括后来被冲洗出邹伯奇自拍照的玻璃板。

1973 年，中国科学院科学所研究员戴念祖正是用这块玻璃板洗出相隔百年之后依然清晰的照片之后，邹伯奇“作为中国自制首部相机的科学家”这个沉寂多年的名字才再次被人们广泛提起。如今这张被冲洗出来的邹伯奇自拍照复印件也被挂在纪念室最明显的位置，自拍照下面分别是邹伯奇创制的七政仪、天球仪以及邹伯奇所读过的学校永传学校、广州学海堂的图片。

邹伯奇制作的七政仪

为纪念邹伯奇，邹氏后人邹锡良、邹忠廉、邹景良等人一起整理修订了《邹伯奇遗稿》。

【家教名言】

创业本维艰，念此有土有财，敢不敬承先泽；

守成仍匪易，图其可大可久，庶乎克绍前功。

——邹伯奇家训

詹天佑

鞠躬尽瘁，铁路之父

【家族简史】

18 世纪 60 年代之前，詹天佑的祖先生活在徽州婺源（现属江西）。1761 年，詹天佑的曾祖父詹万榜举家南迁广州经营茶叶生意，定居北门外拱宸坊。祖父詹世鸾继承父业，迁居西门外十二甫，并申请入籍广州府南海县，于 1820 年获准入籍。到詹天佑父亲詹兴洪一代，茶叶生意已趋没落，詹兴洪在南海县西关一带，以刻章、代写书信为生。詹天佑在西关十二甫出生，是地道的广州西关人（当时西关属南海县境内）。1872 年，清末革新思想家容闳在香港招考幼童。詹兴洪的好友谭伯邨力劝詹兴洪夫妇送詹天佑报考出洋。詹天佑成功考进了幼童出洋预备班，12 岁便留学美国，1878 年考入耶鲁大学土木工程系，主修铁路工程。1905 年到 1909 年，詹天佑主持修建了京张铁路等工程，被称为“中国铁路之父”“中国近代工程之父”。詹天佑的长子詹文珖、次子詹文琮到耶鲁大学留学，詹文琮继承了父亲的事业，从耶鲁大学毕业后回国投身铁路事业，人称“小詹天佑”；三子詹文耀、四子詹文祖均毕业于北京交通大学；五子詹文裕的长子詹同济毕业于北洋大学，是著名的铁路工程师，詹文裕的次子詹同渲毕业于中央美术学院，是著名的漫画家。

【名人故事】

詹天佑（1861—1919），字眷诚，号达朝，生于广东南海县。是中国首位杰出的铁路工程师，有“中国铁路之父”“中国近代工程之父”之称。1905 年到 1909 年主持修建我国自主设计并建造的第一条铁路——京张（北京—张家口）铁路；创设“竖井开凿法”和“人”字形线路，震惊中外；在筹划修建沪嘉、洛潼、津芦、锦州、萍醴、新易、潮汕、粤汉等铁路中，成绩斐然。著有《铁路名词表》《京张铁路工程纪略》等。

詹天佑从小聪明好学，兴趣广泛，尤其对机械有着浓厚的兴趣，常用泥土捏成机器模型玩耍。他曾背着父母把家里的自鸣钟偷偷拆开又装上。父亲很喜欢儿子的好学要强，把重振家业的希望寄托在他身上。1872 年，年仅 12 岁的詹天佑到香港报考了清政府筹办的幼童出洋预备班，留学美国。

在美国，出洋预备班的同学们目睹北美、西欧科学技术的巨大成就，对机器、火车、轮船及电讯制造业的迅速发展赞叹不已。有的同学由此对中国的前途产生了悲观情绪，但詹天佑却怀着坚定的信念说：“今后，中国也要有火车、轮船。”

他怀着为祖国富强而奋斗的信念刻苦学习。詹天佑在美国先后就学于西海文小学、纽海文中学。1878 年以优异的成绩完成中学的课程，考取美国著名理工大学伍斯特理工学院之后，又考取了耶鲁大学土木工程系学习铁道工程学。在大学四年里，詹天佑刻苦学习，以突出成绩在毕业考试中名列第一。

1881 年，詹天佑以优异成绩从美国耶鲁大学毕业，获学士学位。在 120 名回国的中国留学生中，获得学位的只有两个人，他便是其中之一。之后，他先后在福州、广州从事洋务工作，其间还参加了马尾海战。

1887 年，中国铁路公司在天津成立。第二年，经留美同学邝孙谋推荐，詹天佑成为中国第一名铁路工程师。他开始负责修筑塘沽到天津的铁路，仅用 70 多天就完成了铺轨工程。后来詹天佑又参加修筑天津至山海关的铁路，需要在滦河上修一座铁桥，英、日、德工程人员建造这座铁桥时相继失败，他挺身而出承担造桥任务，最后出色地完成了全部工程。

詹天佑一生最大的贡献，就是修筑了京张铁路。这条铁路穿过八达岭，全长200多公里，工程之艰巨前所未有。

1905年，詹天佑担任京张铁路总工程师，他以惊人的毅力投入到京张铁路的修建工作中。塞外经常狂风怒号，灰沙满天。冒着被飓风刮入深谷的危险，詹天佑亲自率领工程人员，背着标杆、经纬仪在悬崖峭壁上定点制图。为了寻找一条理想的筑路线路，他常常骑着小毛驴在崎岖的山径上奔波。白天翻山越岭，晚上则俯身在油灯下绘图计算。

詹天佑在北京青龙桥东沟，采用"人"字形轨道，用两台大马力机车调头互相推挽的办法，解决了坡度大机车牵引力不足的问题，又与工人一起，采取各种措施解决隧道工程中渗水、塌方等困难，又用两端凿进法开凿居庸关。最终，京张铁路于1909年竣工，比原计划提前两年，总费用只有外国承包商索价的五分之一。

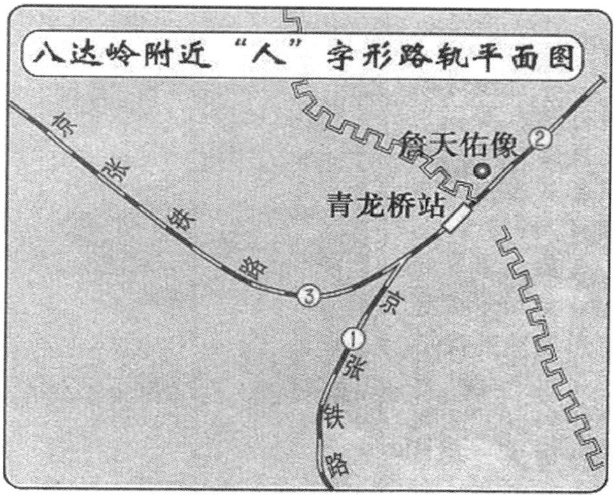

詹天佑设计的"人"字形线路示意图

京张铁路建成典礼后，詹天佑受聘川汉铁路总工程师兼会办、商办粤汉铁路总理兼总工程师。辛亥革命后，任汉粤川铁路会办兼总工程师、督办等，他克服种种困难，修建了从武昌至长沙总长365公里的铁路。

晚年，詹天佑编写出版《京张铁路工程纪要》《京张铁路标准图》等工程技术书，以及《华英工程词汇》这部我国最早的土木工程辞典。他于1919年逝世。

中华工程师学会为第一任会长詹天佑在青龙桥车站建了一座铜像，永远纪念这位杰出的爱国铁路工程师。

【家风传承】

詹天佑为中国铁路事业奉献了一生，也经常教育子女要以国家利益为重。

1887 年，26 岁的詹天佑和 19 岁的谭菊珍在澳门成婚。一家人虽然颠沛流离，但过着幸福美好的生活。詹天佑的 8 个子女都出生于不同的地方，铁路修到哪儿，詹天佑夫妇就把家安在哪儿。

詹天佑的言传身教对儿女影响颇深。三子詹文耀 5 岁时，詹天佑正在修筑京张铁路。有一天，詹天佑一夜未归。第二天詹文耀才知道，那天沙尘狂风席卷八达岭，测量队工人急着结束工作，测量到数字后就赶紧记下，也没有再次核对，就从岩壁上爬下来了。詹天佑发现后，背起仪器，冒着风沙，吃力地攀到岩壁上，认真地复勘了一遍，修正了一个误差。

詹文耀长大后，一次，他的小儿子詹同沛为了能早点出去玩，数学作业没检查就跑出去了。傍晚回家，他看到父亲在作业本上画了一个大大的红叉："一个小数点点错位置，相差十万八千里。当年你的祖父修铁路不要说错一个小数点，就是相差 0.1，也修不成这铁路。对数字，绝对要严谨，否则，别去学数学。"

从那以后，詹同沛对待数学上的每一个数字都很认真，不敢有丝毫懈怠。多年后，詹同沛进入上海柴油机股份有限公司工作，从车间工人到分公司经理，事业发展的背后离不开这种从小养成的严谨的工作态度。

1914 年，詹天佑接到北洋政府的通知：批准他的两个儿子"官费"出国留学。看到通知，詹天佑心里久久不能平静。他想，别人家的孩子出国留学，都是自己出钱，我的两个孩子出国，却是"官费"留学，还不是因为我对祖国铁路事业做了一些贡献？要是因为自己做的这一点事，就可以让子女得到特殊照顾，这不仅对国家不利，对孩子的成长也没有好处。于是，他婉言谢绝了政府的特殊照顾，坚持用自己的薪俸，支付两个孩子留美八年的一切费用。

两个儿子从美国留学归来，有单位要用高薪聘请，詹天佑不同意。他对孩子们说："我送你们出国留学，不是要你们回到祖国做高官、拿厚禄，而是要你们为国家的繁荣富强做贡献。我看，你们不要到别的单位应聘，我正好需要人手，你们就在我身边工作吧。"

当时，在詹天佑身边工作的，还有几个和他儿子一起回国的同学，每月的工资有一百多元。而詹天佑只给两个儿子七十多元的工资。同样的学历，又做同样的工作，可工资收入却不一样。有人为他的两个儿子打抱不平，认为这样做不合理。两个孩子也觉得父亲有点过分，闹起了情绪。

詹天佑知道后，十分恳切地对他们说：“不是因为你们工作做得不好，而是因为你俩是我的儿子，要求要更严一些。对自己的孩子徇私是不好的。你们要知道，国家目前有困难，我们不能只顾个人，要多为国家着想。”

詹天佑对亲属的要求也十分严格，不徇私情。1906 年 11 月 9 日，他写信批评同在京张铁路工作的亲戚谭丽泉：“近今一月余，阁下办事常常耽误公事，不用心。不知所办之事可能认真与否?”有一回，詹天佑的内弟赌博，输了 1000 大洋。他知道后，十分生气，挥笔写下一纸：“内弟出丑，外兄概不负责!”

严格之外，詹天佑对儿女也十分关心。他托美国朋友布雷肯里奇教授邮寄科技图书的同时，还专门嘱咐其给自己的孩子们寄来他们最喜欢收藏的美国硬币。他的儿女长大后都事业有成，尤其是二子詹文琮继承了父亲的事业，1918 年从耶鲁大学毕业后回国投身铁路事业，人称“小詹天佑”。詹文琮曾任广东省粤汉铁路工务处处长、湘鄂粤全线粤汉铁路工务处副处长。抗战期间，詹文琮在株洲至萍乡间抢修被日机炸毁的铁路，因劳累过度病逝，国民政府以詹文琮因公殉职通令褒奖。

【家教名言】

人不能只顾个人，有大情怀才有大出息。各处所学，各尽所知，使国家富强，不受外侮，以自立于地球之上。

——詹天佑

做个坚韧的人，做个诚实的人，做个不忘本的人。

——詹文耀

冯如

爱国爱乡，航空救国

【家族简史】

冯如生于广东恩平牛江镇的一个贫农家庭。恩平是广东省著名侨乡，恩平冯氏一世祖复春公，是南雄珠玑巷人，于1240年从岗州（新会）迁入恩平仕洞定居，卒于1272年，诰赠通议大夫。二世祖冯积赘，元诰赠通议大夫。三世祖冯天常，元诰赠通议大夫（相当于现在高等法院院长的官衔）。四世祖冯竺斋，元朝进士，任大理寺丞，迁云南按察使司廉使。

美国旧金山出现淘金热以后，有不少恩平人漂洋过海去谋生。冯如少时赴美，目睹美国的先进工业，认为国家富强必须依靠工艺的发达，改变中国贫穷落后面貌非学习机械、发展工艺不可。他在美国研制动力载人飞机并试飞成功，震惊世界。此后，他舍弃美国优厚的条件，回国进行"航空救国"，是中国第一位飞机设计师。

【名人故事】

冯如（1884—1912），原名冯九如，字鼎三，号树垣。他是中国最早从事飞机研制、设计、制造的人，被美国报纸赞为“东方莱特”。1911 年 2 月，冯如谢绝美国多方的聘任，带着助手及两架飞机回到中国。他提出航空救国主张并为之奋斗，冯如一生创造了“六个第一”，提出了航空战略理论，对中华民族航空事业和人民空军发展带来了深远影响。他是中国首位飞机设计师、制造家和飞行家，被尊称为“中国航空之父”。

1895 年，冯如刚刚念到小学三年级，就因家里生活困难辍学。幼年的冯如时常从来往的华侨那里听到他们谈论外国科学进步，实业发达的情况，并萌生了前往国外增长见识的念头。这一年，在美国旧金山做小本生意的舅父吴英兰回乡省亲。辍学在家的冯如便缠着他要随其前往旧金山谋生。在征得父母同意后，年仅 12 岁的冯如踏上了背井离乡之途。

在美国，冯如目睹了先进的科学工艺，他认为要改变中国贫穷落后的面貌，非学习机械、发展工艺不可。他在日记里写了这样一段话：“尝谓国家之富强，由于工艺发达，而工艺发达，必有赖于机器。非学习机器不足以助工艺之发达。”于是，他白天当勤杂工，晚上读机械学，苦心钻研数年，精通 36 种机械原理。

1906 年前后，有两件事情给冯如内心带来了巨大的震撼：一是 1903 年 12 月 17 日，莱特兄弟自制载人动力飞机试飞成功。二是 1904 年，日本和沙皇俄国为了争夺中国东北的特权，在中国的土地上进行了一场“狗咬狗”的战争。1905 年 9 月两国在美国的调停下签订《朴茨茅斯和约》，和约竟将辽东半岛南端的旅顺口、大连及附近海域转让给日本，从长春到旅顺口的铁路也交给日本。面对这一切，腐败的清政府竟然予以承认。冯如为祖国的不幸悲愤不已，他的“机器梦”也随之破灭了，他说道：“是（指制造机器）岂足以救国者。吾闻军用利器，莫飞机若，誓必身为之倡，成一绝艺以归飨祖国，苟无成，毋宁死！”

他从此立下了“航空救国”的思想，发誓要用自己的一技之长报效祖国。

冯如得到当地华侨的赞助，于 1907 年在旧金山以东的奥克兰设立飞机制造厂，1909 年正式成立广东制造机器公司。1909 年 9 月，冯如制成了一架可以载人飞行的动力飞机，并于 9 月 21 日进行了正式试飞。这次试飞，远远打破了莱特兄弟首次试飞航程的纪录。

1910 年 10 月，旧金山举办国际飞行比赛，冯如驾驶着他设计的飞机参赛，以700多英尺的飞行高度和65英里的时速，分别打破了第一届国际飞行比赛的世界纪录，成为举世公认的飞机设计师、制造家和飞行家，被美国报纸赞为“东方莱特”。

冯如所设计的飞机

1911年2月，冯如带着助手和两架飞机以及“壮国体、挽权利”的理想回到中国，致力于发展祖国的航空事业。此时，孙中山先生领导的民主革命运动正蓬勃发展。冯如毅然参加了革命军，投入到推翻清朝、建立共和国的革命洪流中。冯如被任命为广东革命军飞机长，并被授权组织飞行侦察队。

为了普及航空知识，唤起国人对航空事业的认识和支持，1912年8月25日，冯如在广州燕塘进行飞行表演。冯如驾驶自制飞机凌空而上，高约36米，东南行约8000米。当时飞机运转正常，操纵自如，鼓掌之声，不绝于耳。但冯如急于升高，操纵过猛，致使飞机失速坠地，机毁人伤。送去医院抢救无效，冯如以身殉国，年仅29岁。

牺牲前，冯如仍心系祖国航空事业，吃力地把失事原因简单告诉助手，并勉励他们“勿因吾毙而阻其进取心”，又嘱咐将其遗体葬于黄花岗，与七十二烈士英灵长伴。

【家风传承】

冯如爱国爱乡、崇尚科学、自强不息、敢为人先的精神在他的后人中得以传承，形成良好家风。如今冯如的后人主要是他的两个孙子冯汉强和冯灿基。冯汉强已经在 2009 年 2 月因病去世。他于 1988 年设立了冯如纪念楼，楼内陈列的是有关冯如的航空历史资料以及冯如生前图片。冯汉强去世之后，冯如纪念楼主要由冯汉强的夫人莫惠琼打理。

冯如纪念楼位于牛江镇莲塘村，吸引着慕名而来的游客，成为今人抚今追昔的重要去处。冯如孙媳妇莫惠琼至今仍在村中生活，在这间典型的侨乡小院内，几张古老的旧木家具让人回想起冯如小时生活的情景。莫惠琼说，冯如对后世影响深远，作为冯如的后人，她感到非常骄傲，同时也希望把冯如的事迹、冯如的精神很好地传承下去，教育下一代学习冯如爱科学、爱国家、爱人民的精神。

冯如的二孙媳妇麦少芳（冯灿基之妻）说："一直以来，我们都在用自己的方式纪念着冯如爷爷，我丈夫先后两次向广州市文物管理处赠送了冯如爷爷的遗物。多年以来，我们一直以冯如爷爷为榜样，做到刻苦耐劳，热爱家乡，追求幸福；也一直教育孩子们要像冯如爷爷一样，努力成才，学有所成，报效桑梓，报效祖国。"

故乡人是冯如最忠实的追随者，冯如文化已经在这里生根发芽。时任牛江镇委书记吴炎稂说，后人要用冯如精神激励自己，更要借助冯如品牌发展家乡。

以冯如为依托的产业发展现正在其故里渐次铺开。以建设"中国航空第一乡"为使命的冯如投资有限公司也正式成立，该公司董事长莫坚荣说，希望通过创办航空俱乐部、教育基地等来传播航空文化，并投资与航空科技有关的项目，延续冯如当初未竟的事业。

【家教名言】

勿因吾毙而阻其进取心，须知此为必有之阶段。

——冯如

关赓麟

书香世家，整顿路务

【家族简史】

关赓麟生于广东南海，一家三代声名显赫。其父关蔚煌在光绪二年（1876年）中举，官至广东大埔县教谕；大哥关应麟为北京大学教授；二哥关庆麟为外交部司长；妹夫张煜全为清华大学校长；关赓麟本人历任财政部秘书、交通部路政司司长、京汉铁路局长、铁路部参事、交通史编纂委员会委员长、交通大学校长等；关赓麟四个儿子均毕业于名校，仍健在的关肇邺是中国工程院院士，是梁思成最早的弟子之一，于2005年当选世界华人建筑师协会荣誉理事，现任清华大学建筑学院教授。关赓麟子侄中教授级的有十多人，其中侄子关肇直为著名数学家、中国科学院院士，关肇昌为中国第一艘导弹潜艇总工程师、两弹一星专家，侄女婿胡宁为著名理论物理学家、北京大学教授、中国科学院院士和中国工程院院士。

【名人故事】

关赓麟（1880—1962），字颖人，出生于广东南海县南庄。1904 年从南庄考取功名，中进士后曾任交通大学校长、交通部参事、汉粤川铁路督办。关赓麟不仅是中国近现代著名的实业家、教育家，铁路交通业的奠基人之一，而且还是中国近现代颇有影响力的词学家、诗人。关家的世代传承更是令人称道。

据资料显示，关氏是有名的书香世家。关赓麟的父亲关蔚煌生于 1848 年，一辈子苦读，28 岁中举。关蔚煌中举后谋到一个小官：梅州大埔县教谕。“教谕”是明清时代设置的管理教育的县级官员，相当于现在的县教育局长。关蔚煌做官时间不长，很快就回到家乡，专心研究诗词书法和关氏族谱。

关蔚煌膝下有三子：关应麟、关庆麟、关赓麟。三兄弟读书都十分了得，除了关赓麟中进士之外，关应麟、关庆麟也都是饱学之士，兄弟二人都考上了举人。关应麟后来做了北京大学教授，关庆麟为北洋政府外交部司长。

关赓麟自幼聪明过人，1902 年，22 岁的关赓麟参加乡试，中了举人。1904 年 7 月 4 日，中国历史上最后一次科举考试在北京举行，礼部会试中选拔出来的 273 名贡士在紫禁城的保和殿参加名义上由皇帝主考的殿试，24 岁的关赓麟高中进士。光绪三十一年（1905 年），慈禧太后下诏书，宣布次年开始废除科举，清廷取消了有 1300 年历史的科举制度，关赓麟便成了中国“最后的进士”。

日本明治维新后，国力大增，清朝把日本作为学习榜样。为培养新学人才，两广总督陶模选派知名绅士到日本弘文学院学习速成师范，关赓麟与另一位南庄籍举人罗汝楠均获选。

在日本短暂学习一年后，清廷召关赓麟回国，任命其为兵部主事。当时京城广东籍最重要的官员是礼部尚书、协办大学士、军机大臣、太子少保戴鸿慈。戴鸿慈是南海西樵大同村人，年长关赓麟 27 岁。

1905 年，焦头烂额的清廷决定进行政治体制改革，决定派戴鸿慈等五大臣出使欧美九国考察，让他们拿出改革方案。戴鸿慈在挑选随从人员时，把这位南海小老乡拉入了考察团。考察团在后来给清廷的报告中曾说：“宪政有利于国，有利于民，而最不利于官。”

考察结束后，关赓麟历任财政部秘书，交通部路政司司长、联运处处长、编译处处长，铁路总局提调，京汉铁路会办、总办、局长，汉粤川铁路督办，铁路部参事、交通史编纂委员会委员长、交通法规编订委员会副主任委员、业务司司长兼联运处处长、平汉铁路管理局局长等。

1922 年，交通部委派关赓麟担任交通大学校长。当时学校“驱陆学潮”尚未平息，发展成为“力争董会”运动。同年，国务会议议决将交通大学改设上海、唐山两校，即后来的上海交通大学、唐山交通大学，交通大学北京学校（今北京交通大学）撤销，改为唐山交大北京分校。

1927 年，关赓麟再任交通部参事、汉粤川铁路督办。1928 年，国民政府南迁至南京后，关赓麟任国民政府铁道部参事，兼交通史编纂委员会委员长。不久又改任业务司司长兼联运处处长。随后又任平汉铁路管理局局长。后又回到铁道部再任参事、顾问等职，并常驻北平主持北平铁路学校，即今天的北京交通大学校务，以永久董事兼校长身份负责筹款。

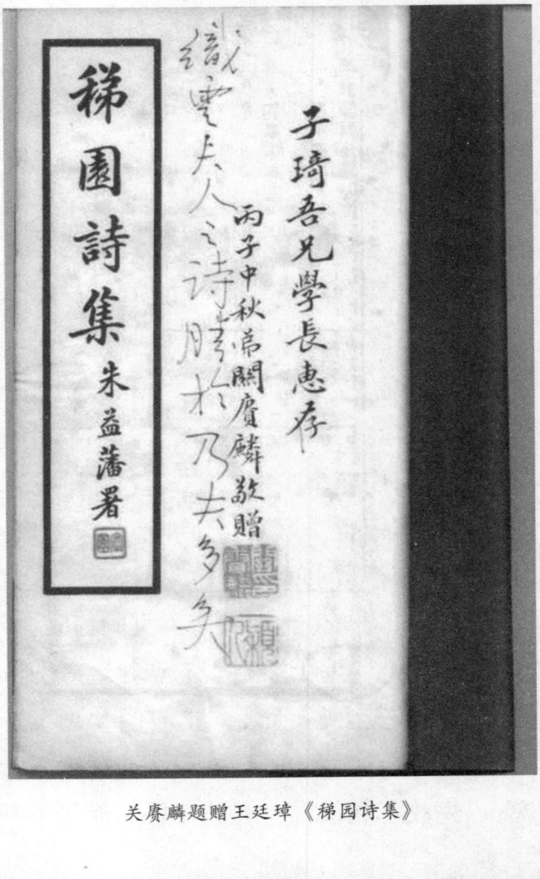

关赓麟题赠王廷璋《稊园诗集》

七七事变后，关赓麟坚拒日伪的威逼利诱，不与合作。在抗战期间，他致力于民族铁路运输业，支持抗日。

关赓麟从小喜欢诗词，三十多岁时组织和参与了寒山诗社。寒山诗社以研究诗词闻名于当时文坛。在官场打拼了一辈子，关赓麟在北京过起了大隐于世的生活，他给自己的宅第命名为“稊园”。关赓麟主持寒山诗社后，诗社以“稊园诗社”为名。稊园诗社的主要成员都是当时中国知名的诗词学者。

1956 年 6 月，关赓麟被周恩来聘为中央文史研究馆馆员。中央文史研究馆的宗旨是

“敬老崇文”，馆员由国务院总理聘任，受聘者都是耆年硕学之士、社会名流和专家学者。

关赓麟著有《瀛谭》《稊园诗集》等多种作品，留下的书法作品也不少。1962年3月4日，关赓麟在北京逝世，享年82岁。

【家风传承】

关赓麟的小儿子关肇邺1929年出生于北京，毕业于清华大学建筑系。1981年至1982年在美国麻省理工学院做访问学者。现为清华大学建筑学院教授，博士生导师。曾任中国建筑师学会建筑创作与理论委员会主任。1995年当选为中国工程院院士。2000年被授予“设计大师”称号，并获首届“梁思成建筑奖”。关肇邺是梁思成最早的弟子之一，是中国著名的建筑设计师。

关肇邺是家里十个孩子中最小的，和父亲年龄相差近50岁，自觉与父亲距离太远，思想交流不多。然而，中西合璧的家庭文化氛围对他的成长产生了潜移默化的影响。

影响的来源一方面是他所生活的物质环境。幼时关家是一所有着几进四合院的大宅子，位置就在南池子南口的一条胡同内，与天安门的直线距离不过几百米。四合院灰色的墙、灰色的瓦与庭院里的绿树花香形成对比，幽深曲折的胡同与不远处金碧辉煌的紫禁城形成尊卑有序的和谐映衬；城市的边界是高起的城墙和巍峨的城楼，街道的节点点缀着秀丽的牌坊。老北京城美妙的建筑秩序深深地印在关肇邺童年的记忆里。多年之后，北京城已经发生了翻天覆地的变化，关肇邺仍对当年的“北京印象”记忆犹新，其中的“和谐”之美被他总结为中国建筑艺术的精髓所在，不仅常在课堂上娓娓道来，也充分融汇在他众多的建筑设计作品中。

抗战期间，关肇邺全家留在敌占区，因为父亲坚持不为敌伪做事而没了经济来源，就靠出租住房来维持一家的生计。这就需要把住宅隔成几个区，每区自成格局，有大门、院子、前厅、住房和厨房、卫生间等。包括关肇邺在内的孩子们都参与到丈量画图等工作中，关肇邺曾在自传中称“以最少的工程量而达到这样的目的，实际是个非常有趣的联系实际的建筑设计课题”，而他也“乐在其中，对建筑与生活的关系，开始有了初步体会”。这一工作可视为关肇邺最早接触的建筑实践。

另一种来自家庭的财富是书籍。关肇邺幼年时，家里的阁楼上有一个古怪的大箱子，箱子中装满了文件图书。这些资料中，有欧美大城市的景观图集数十册，关肇邺对这些城市景观图产生了浓厚的兴趣，于是便常去阁楼认真阅读，从而得知西方世界竟有这么多壮观精美的建筑。这些西方建筑图集对关肇邺产生了巨大影响，使他后来报考了清华大学建筑系。在关肇邺真正从事建筑设计之后的二十多年里，由于国家正处在封闭、隔绝的年代，中国建筑师没有机会出国考察。然而通过读图，关肇邺对于众多外国城市竟如“身临其境”般熟悉。

关肇邺说，这个箱子的资料是父亲关赓麟 1905 年考察欧美时留下的重要文物和图书，图书的出版日期都是 19 世纪中后期和 20 世纪初期。这些图书不仅是重要的学术资料，而且具有重大历史意义，是 20 世纪初期的中国力图变法图强的重要见证。

【家教名言】

大抵技术人才之造就，固以有科学的智识与应用的技能为普通的原则。此外，尚有极宜注意者，一曰体魄坚强，一曰心志专一，一曰兴趣丰富。

盖体魄不坚强，则不能耐劳习苦。常见有学问甚优而身体孱脆多病，或督工不能尽力，或操作不能躬亲，以致办事常多隔膜，驭下易受欺蒙，与国家养育之旨相背而驰，此不可不注意者一也。心志不专一则胸无主宰，见异思迁，或浅尝而改科，或半途而中辍，是以学生虽多而成才甚鲜，而教育之经费与时光皆坐受其牺牲，此不可不注意者二也。兴趣不丰富则对于技术非性所好，自无研究深进之可言，即令毕业专门，出而服务，亦不过假出身为弋名牟利之捷径，无终身孜孜求益之意，于是国中多一官僚即少一工业专家，此不可不注意者三也。对于以上三事，学者须有彻底觉悟，授者更须彻底改良，然后乃有智识与技能之可言。

——关赓麟《瀛谭》

武术家

【技高德为先】

梁赞

咏春正统，西海老虎

【家族简史】

梁赞，广东鹤山古劳人，出生于佛山清正堂街家中。其父在佛山筷子大街市场内开设赞生堂药材铺，精通岐黄医术。父亲去世后，梁赞开始在店中行医，为病人所称颂。梁赞少年时便喜爱习武，其父在世时，曾广聘名师向梁赞传授武功。梁赞继承父业后更求深造，得友人梁佳介绍，先后礼聘咏春拳术传人黄华宝及其师弟梁二娣来佛山传技多年。之后，梁赞在赞生堂内收徒传技，除其子梁璧外，得衣钵真传的有陈华顺、陈桂、梁奇、雷汝济等。梁赞有五个儿子，梁璧最大，故有“大少璧”花名。梁璧与三弟梁春是兄弟当中跟随父亲学拳时间最长的。

【名人故事】

梁赞（1826—1901），原名梁德荣，鹤山古劳人。由于在佛山成名，人称“佛山赞先生”，外号“西海老虎”，是中国晚清著名武术家。清朝末年，梁赞在佛山筷子大街设赞生堂药材铺并兼做医生，行医救人。学了少林拳术后，梁赞又跟严咏春丈夫梁博俦学了咏春拳。因此，他既懂得少林“长桥大马”的“远距离战略”，又懂得咏春“短桥窄马”的“短距离战略”；既能运用出手猛烈的少林技巧，也能运用借力轻柔的咏春技巧。梁赞武术超群，威名远扬，并获得“咏春拳王”美称。

梁赞的父亲梁志虽无心仕途，但仍希望儿子饱读诗书，将来考取功名，光宗耀祖。但梁志的大儿子梁德南过于老实，唯有把希望寄托于二儿子梁赞身上。梁志重金聘请一名资深教书先生带回家乡古劳，专心教授梁赞。

十多岁的梁赞性格叛逆，不但经常跑去看人练功夫、舞狮子，还常惹是生非，打架闹事。先生见其屡教不改，一气之下打了包袱自己坐船离去。梁志只能把梁赞接到佛山善庆坊，严加管教。

佛山一带地势平坦，无天然屏障，又地处广州西南交通要道，素为兵家必争之地。人们为求自保，早已形成习武强身自卫的传统。清代中晚期，佛山手工业受到洋货冲击，工人大量失业，社会动荡不安，学武防身成为人们安身立命的需要。各行各业都聘请武师传授武功，一些富商巨贾也聘请名师回店授拳，当时各派武馆林立，习武者众。梁赞虽受书香世家熏陶，但经由社会环境的耳濡目染，加上见义勇为的秉性，使他很快就爱上了武术。父亲一心想他读书成名，所以常禁止他练武。但他无心仕途，偷偷去跟一些坊间拳师学拳。

梁赞和咏春结缘，要从武术名家梁二娣说起。梁二娣是清代道光、咸丰时期人，曾拜少林至善大师为师，学到了著名的六点半棍法，此后将该棍法融入咏春拳器械中。后来，他到佛山时，收了梁赞为徒，此时，咏春拳的历史传承开始有了明确记载。梁二娣收梁赞为徒时，年事已高，他毫无保留地将生平所学传授给了梁赞。

梁赞可以说是第一个使咏春拳扬名立万的人。“佛山赞先生”的威名以及他当年的传奇轶事，至今仍为当地老一辈人津津乐道。梁赞在广东佛山筷子大街开设了一间赞生堂药材铺，据说医术精湛，世代相传。出身于“功同良相”的世代书香家庭中，梁赞知书识墨，写得一手好书法，学得一派儒士之风。年轻的他精力旺盛，喜欢抡拳动脚。但他却不喜欢那些动作刚猛、吆喝翻滚的拳术，这些都不符合他温文尔雅、洒脱悠闲的性格。

终于，他遇上了梁二娣，学了这套“可遇而不可求”的秘密拳术。

梁赞的出现，为咏春拳开宗立派、发扬光大起到关键作用。梁赞令咏春拳威名大振的原因并不是靠宣传，而是凭真拳实脚的比武。这位中医以咏春拳术屡次跟人家“印证”，结果都令人惊叹。一次又一次的辉煌战绩，除了给他带来更响的名声，也带给他更多的挑战，但他泰然处之，越战越勇。

这位靠比武起家的咏春拳师，虽然被冠以“咏春拳王”的称号，但他仍执旧业，行医济世，并无开设武馆的打算。不设馆并非不授徒，梁赞实际上有三名关门弟子。对梁赞来说，“关门弟子”的意思是晚上关上门铺以后才教授的弟子。当然，那几名弟子不是梁赞的子侄辈便是亲朋好友的儿子。

在源流变迁上，咏春拳界流传着“起于严咏春，衍于梁赞，盛于叶问”的说法，梁赞被咏春门人推崇为一代祖师。

【家风传承】

梁赞不仅行医救人，乐善好施，他的咏春拳当时在佛山也是首屈一指，想拜师学艺的人络绎不绝，但梁赞收徒的标准十分严格。

陈华顺当年是佛山一个找钱摊的小贩，力大无比，每天手拿上百斤散钱给人换以谋生计，人称“找钱华”。他是梁赞最得意的门生之一，也是叶问等咏春拳名人的师父。

当时的梁赞已在佛山颇有威望，很多人想拜其为师，但几乎都被婉言谢绝。“找钱华”那时很敬仰梁赞，提出过拜师的想法，但也被梁赞谢绝。“找钱华”只有偷学梁赞的武艺，他悟性很高，武功日渐精进。为了成为梁赞名正言顺的弟子，“找钱华”找了个时机登门“踢馆”。

那时梁赞外出，家里只有儿子梁春一人。“找钱华”一进门便说要找梁赞，梁春告诉他父亲外出不在。“找钱华”不理，坐在平时只有梁赞才能坐的太师椅上，引得梁春勃然大怒，两人便打起来。“找钱华”是有备而来，他力大无比，再加上偷学了咏春拳，梁春有些招架不住，被“找钱华”一拳打得跌在太师椅上，太师椅的椅足当场断了。梁赞回来后勃然大怒，问明原因后，他猜到了“找钱华”的来意：是想让梁赞检验他的武功，然后收他为弟子。梁赞知道他用心良苦，但还是全面考察了“找钱华”的人品，之后才将他收为弟子。

梁奇是梁赞收的第一个外地徒弟。梁奇为两湖人，据他自己说是到佛山讨生计。但他不务正业，仗着自己力气大且会点功夫，经常拿着一块百把斤的大石头到处勒索钱财。

一天，梁奇又在一个店里捣乱。他将百把斤的石头放在店主收钱的柜台上，这样别人店里就做不成生意了。梁奇还声称，谁要是拿得下他的石头，他就走人，拿不下来，他自己拿，这样店主就得付他搬运费。众人都拿他无可奈何。

梁赞听说这件事后，很是气愤，于是就到店里来主持公道。梁赞本身长得文质彬彬，不像练武之人，梁奇根本不将其放在眼里，很轻蔑地看着梁赞。梁赞面带笑容，一手将石头轻轻一推，就将其推开了。众人拍手叫好，梁奇看得目瞪口呆，知道遇到了高手，马上下跪想拜其为师，并解释道，他早知佛山武术出名，于是打着谋生计的旗号从家乡来到佛山寻找高人，而搬石头滋事也是希望“以武会友”，从而引出佛山真正的武林高手，并恳请梁赞收他为徒。梁赞觉得梁奇本性不坏，就是脾气太暴躁，要求他收敛心性后才收他为徒。

20 世纪 50 年代，陈华顺弟子叶问在香港传播咏春拳，培养出了李小龙、梁挺等享誉世界的武术家。

梁壁是梁赞的长子，梁春的哥哥。梁壁年轻时期年少气盛，想和父亲学习咏春拳，却遭到父亲的拒绝，梁赞不幸身故后，跟师公黄华宝学习咏春拳。梁壁的咏春系统是最完整的，包括三套拳、桩、棍、刀。虽然陈华顺的武功比梁壁高强，但碍于学识问题，难以详细地将本身所学，有理论性及有系统性地对弟子解释清楚。叶问拜师陈华顺学拳时，梁壁也去了香港，是叶问的第二位咏春拳师傅。

【家教名言】

爱国爱乡、尚勤行俭、崇文乐善、谦和朴实、仁孝兼容、敢为人先、百折不挠、开拓进取。

——岭南梁氏祖训

黄飞鸿

尚武崇德，广东醒狮

【家族简史】

黄飞鸿生于广东南海，他的祖父黄镇江（又名黄泰）靠开设“泰康堂”经营药品维持生计。有资料记载，黄镇江还当过几年私塾先生，少林寺的至善禅师在广州海幢寺将洪拳传给得意弟子陆阿采，陆阿采将武技传给黄镇江。黄家家境不宽裕，迫于生计，黄镇江之子黄麒英经常奔走乡间行医卖药。但佛山是岭南中药之都，竞争相当激烈，街头卖药往往要与卖艺相结合，黄麒英随父亲学习洪拳，成为“广东十虎”之一。黄飞鸿自幼得父亲传授武艺，练功习武，习得虎拳、鹤拳。之后黄飞鸿遇到铁桥三（即梁坤，广东十虎之一）之爱徒林福成，习得铁线拳、飞砣绝技，并在宋辉镗处学得无影脚，武艺日臻精进，之后黄飞鸿随父于广州乐善山房设馆授徒。黄麒英逝世后，黄飞鸿子承父业成为一代宗师。黄飞鸿最后一任妻子莫桂兰在林世荣、邓秀琼的帮助下，带着黄飞鸿的两个儿子移居香港设馆授徒，传授黄飞鸿遗技。

【名人故事】

黄飞鸿（1847—1925），原名黄锡祥，字达云，号飞鸿，幼名飞熊。黄飞鸿5岁开始学习武术，12岁开始跟随父亲在街上卖艺。黄飞鸿长大后与父亲一起在广州开武馆教授徒弟。黄麒英逝世之后，黄飞鸿继承父业，逐渐成为一代武术宗师。黄飞鸿是当时南派武林中最年轻的武术教练，他一生中曾先后被提督吴全美、黑旗军首领刘永福等聘为军中技击教练。相传，黄飞鸿的绝技有双飞砣、子母刀、罗汉袍、无影脚、铁线拳、单双虎爪、工字伏虎拳、罗汉金钱镖、四象标龙棍和瑶家大耙等。其中最厉害的是精虎形诸势，所以黄飞鸿在当时的武林中有“虎痴”的雅号。此外，黄飞鸿亦擅长舞狮，有“广州狮王”之称。

黄飞鸿是清末民初杰出的一流武师。清顺治年间，郑成功部将蔡德宗等五人潜至福建少林寺，与达宗等在高溪庙创立洪门会（天地会），洪门会流行的拳术称为洪拳，含有纪念朱洪武，反清复明之意。至清中叶，广东洪拳与刘、蔡、李、莫并称为五大名拳。黄飞鸿的洪拳，一方面由陆阿采—黄镇江—黄麒英所传，另一方面由铁桥三—林福成所传。黄飞鸿对洪拳进行了较为全面的整理，并以飞铊入埕、采高青、五郎八卦棍、无影脚等绝技闻名，现传下的主要拳术套路有工字伏虎拳、虎鹤双形拳、铁线拳、五形拳，主要器械套路有五郎八卦棍、子母刀、单刀、飞铊、行者棒、瑶家大耙、形意箫等。

黄飞鸿一生以弘扬国粹、振兴岭南武术为己任，经其门人林世荣等整理的铁线拳、工字伏虎拳、虎鹤双形拳结构新颖，动作轻快，革除了以往南派拳法沉滞狭隘、动作重复之弊病。虎形拳练气与力，动作沉雄，声威叱咤，有排山倒海，龙腾虎跃之势；鹤形拳练精与神，身手敏捷，动作迅速，有静如处女，动如脱兔，气静神闲之妙。虎鹤双形拳刚柔并用，长短兼施，偏正配合进退中规，成为飞鸿一脉之代表拳法，为武术界独树一帜，一时风行全省，并远传至港澳、南洋甚至北美等地，迄今历久不衰。在新中国成立后，虎鹤双形拳被列为我国高等体育院校教材内容之一。

黄飞鸿不仅武艺超群，医术亦相当精湛，其驳骨疗伤之技，堪称一绝。光绪年中，黄飞鸿在广州仁安里设宝芝林医药馆，悬壶济世，治病救人，上至将军，下至百姓，功效显著。黑旗军首领刘永福亲自为宝芝林题写“技艺皆精”的匾额，并聘黄飞鸿为福军技击总教练，之后黄飞鸿随刘永福到台湾英勇杀倭。

黄飞鸿纵横江湖数十年，凭着过人的勇敢、智慧和绝技，成为中外闻名的武术大师。他武艺高强且崇尚武德，从不恃强凌弱，坚持以德服人。他主张摒除门派的隔阂，能者为师，更力排重男轻女之见，是最先收授女弟子和组织女子狮队的武师之一。黄飞鸿众多弟子中，以男弟子梁宽和林世荣，女徒弟莫桂兰、邓秀琼等最负盛名。其余的门人亦颇有声誉，遍布粤港澳台、东南亚各地。黄飞鸿生前弘扬国粹、见义勇为、济世为怀的风范，留下了许多脍炙人口的轶事，在民间广为流传。

佛山南海是南狮的发祥地。黄飞鸿将民间传统艺术醒狮进行挖掘、整理，刻苦训练，在原有的南派醒狮技艺的基础上，吸收融入武术舞狮的技艺，将高桩醒狮、民间武术梅花桩与南派民间醒狮套路相融合，并汇入当地民间风格特色，技艺高超，编排巧妙，融舞蹈、武术、杂技于一体，形成新一派醒狮。

1924 年 8 月，广州商团总长陈廉伯在英帝国主义支持下，趁孙中山北伐，在广州发动武装暴乱，纵火劫掠。黄飞鸿与其继室莫桂兰苦心经营数十年的宝芝林连同刘永福写给他的牌匾亦毁于战火。黄飞鸿经不起沉重打击，因而忧郁成疾，1925 年不治去世，终年 78 岁。黄飞鸿身后萧条，贫无以殓，弟子邓秀琼为他料理后事，葬于白云山麓。莫桂兰在林世荣、邓秀琼的帮助下，带着黄飞鸿的两个儿子移居香港设馆授徒，传授黄飞鸿遗技。她 1983 年在香港去世。

【家风传承】

黄飞鸿一生结过四次婚，除原配罗氏外皆为续娶，每次都是在妻子去世后重娶。四个妻子中前三个均有名分，分别是罗氏、马氏、岑氏，但因陆续死去，因而当时人们迷信黄飞鸿有克妻命，最

黄汉熙与莫桂兰合影（左一为黄汉熙，中间为莫桂兰）

后他在娶莫桂兰时不得不以纳妾为名成了婚。

黄飞鸿有四子，诸子中酷爱黄汉森（因其幼时生得肥肥白白，人称肥仔二），最得黄飞鸿真传。1919 年精通武术的次子黄汉森遭妒，往广西梧州渡任“护勇”时被“鬼眼梁”暗算惨死。当时，黄汉森在一个名叫保商卫的旅营中当护卫，一名叫“鬼眼梁”的同事见他年少，要和他较技并说：“我怕黄飞鸿，绝不怕他的儿子。”可是动手仅两招就被黄汉森打翻在地，“鬼眼梁”因此怀恨在心。在中秋节晚上他设法使黄汉森喝得酩酊大醉，乘机开枪击毙了黄汉森。之后“鬼眼梁”狡辩说黄汉森醉后拔枪杀他，他不得已才自卫误杀黄汉森，以摆脱罪责。经过此事，黄飞鸿知道儿子是为了较技才丧生的，心痛之余，发誓不再教子习武。

黄飞鸿第四子黄汉熙，面孔长得很像父亲，但全不懂洪拳，其职业也与武术无关。

黄飞鸿纵横武坛数十年，对洪拳的普及和振兴起到了重要的作用，门下弟子中不乏出类拔萃的武术家。

林世荣随黄飞鸿学艺 20 年，先后在广州、香港、南海等地设馆授徒，并于 20 世纪 30 年代起公开出版《工字伏虎拳》等拳谱，产生了较大的影响。

黄飞鸿夫人莫桂兰在黄飞鸿去世后，在广州、香港设馆，传授黄飞鸿的武艺。其后学邓义、邓芳在广州带河基设馆多年，门徒众多。黄飞鸿的拳术和狮艺，特别是虎鹤双形拳、铁线拳、工字伏虎拳、五郎八卦棍等，通过其传人的大力推广，成为世界著名的功夫流派。而今，广东、香港、台湾等地乃至新加坡、马来西亚、欧洲、美洲等地，都有黄飞鸿的拳术和狮艺流传，影响日益扩大。

黄飞鸿生前为中国武术走向世界进行了不懈努力，他的传人和再传弟子依然在继续他未竟的事业。据统计，他的传人已经分布在五洲四海，除了中国的广东、香港、澳门、台湾地区以外，美国、加拿大、澳洲、以色列、南非、意大利、新加坡、马来西亚、泰国、墨西哥、德国、英国、瑞士、波兰、比利时、捷克等地，都有他的弟子和再传弟子。

【家教名言】

黄飞鸿功夫高强且崇尚武德，他教导后代与弟子“习武德为先”，自己坚持从不欺负弱小，坚持练武德为先。

叶　问

咏春扬名，一代宗师

【家族简史】

叶姓在佛山不算大姓，但提起叶氏，却无人不知无人不晓。1176 年，北宋丞相叶颙辞官归隐南海，定居大辅堡，开村名颜峰村，并开始繁衍佛山的叶姓子孙。叶颙是为数不多出自佛山的丞相之一，25 岁考取进士，次年被委任南海县主簿。当地至今流传着叶颙与他的七个进士儿子“一门八进士”的传奇。观叶氏族谱，一代宗师叶问正是叶正简第三子叶元诚的后代，是叶正简的第三十一世后人，叶问生于桑园叶家庄，6 岁时师从陈华顺，后定居香港，练武强身御敌，打击日寇，致力钻研、推广咏春拳，使咏春拳成为世界知名拳术之一。而叶问之子，咏春拳宗师叶准、叶正，则是叶氏第三十二世后人。

【名人故事】

叶问（1893—1972），本名叶继问，是广东佛山的大族富家子弟。叶问从 7 岁起便拜“咏春拳王”梁赞的高足陈华顺为师学习咏春。自收叶问为徒后，陈华顺不再教授任何人武艺，叶问成为陈华顺的关门弟子。陈华顺逝世后，叶问再随师兄吴仲素学习拳技。叶问16岁那年，赴港求学外文，后随梁璧（梁赞之子）学武。1950年赴香港，在港九饭店职工总会内传授咏春拳术。其弟子中最出名的是让中国武术闻名世界的武打巨星李小龙。叶问是咏春拳乃至中国武术一致推崇的一代宗师。

叶问出生于1893年的佛山商业繁华中心——桑园叶家庄。庄园内有芸草书塾，叶问5岁时便到私塾就读，学习四书五经，接受传统文化教育，奠定了深厚的文化修养。

大户少爷学武并非易事，但叶问母亲认为，练武能强身健体，只要不误学业即可，便允许叶问学武。叶问6岁那年，跟随名师陈华顺学习武术，并得到二师兄吴仲素指导，从此对武术热爱不已。天资聪颖的叶问逐渐成为真正的武术良才，展示出不凡的武术修为。

1917年，叶问父亲叶霭多将其送到香港圣士提反书院读书。在港期间，叶问没有放弃武术，一边读书一边跟随梁璧习武，尽得其传。那时的中国积弱积贫，在英国统治下的香港更是处处可见“华人与狗不得入内”的告示牌。看到辱华告示牌，年轻气盛的叶问曾飞起一脚，踢飞了牌子。

1938年，日本军队占领佛山，伪政权南海县长兼警务长李道轩强取桑园叶家庄作为官邸。当时，日军知悉叶问功夫过人，多次要求叶问担任日本宪兵队武术教练，叶问用一句“我不能做汉奸，绝对不教日本人”断然拒绝。因为不满伪政权，叶问又不为日军所用，后来叶家被一场大火所毁，叶家上下生活变得十分艰难。

日军邀请被拒之后，指派武术高手与叶问比武。曾有人劝叶问认输，但叶问却认为一定要在鬼子的枪口下把日本请来的高手打得心服口服，“一个人的民族气节比什么都重要，这个问题绝对不能含糊！”日军派来身材高壮、武术了得的高手，身高不过1米63的叶问摆出咏春桩手，二字钳羊马，目视对方，一言不发，待兵来将挡。对方抢先出手，以箭标马进逼，叶问即变前锋的桩手为耕手，耕去对方箭，并同时转身跪马，拿正对方前腿之后膝位，迫使对方突然失去重心，对方虽未中招，却是败相毕露，叶问也及时收马，一声承让，跳出比武画地，点到为止。这场比武时间极短，被人戏称为“不到一分钟”。比武后，叶问担心激怒日本军阀，只得暂离佛山，一直暗中帮助抗日工作。

叶问个子矮小，但身体非常健壮，尤其前臂异常精壮。他外形朴素，常穿长衫，举止大方，唯一让他暴露身份的，是他走路快得能用“身轻如燕”“日行千里”来形容，还有他的那双眼睛，精光四射，像能看穿人。他曾经在西式学校读过书，学习过科技知识。叶问对咏春拳最大的贡献之一是，经常用力学原理、几何角度等解释咏春拳。同时，他对五行、八卦、相生相克等玄学词语，比较不屑一顾，宁肯用更平实的语言进行解释，这是对功夫的净化。去掉咏春身上的光环，也是使咏春普及的一大原因。

1950 年，叶问定居香港，在港九饭店职工总会开办了第一个咏春拳术班，开始了香港的授拳生涯。1955 年，15 岁的李小龙在香港随叶问学拳。当年的李小龙学武相当刻苦，从不缺课，总是提早到拳馆练习，而且十分喜欢提问。叶问喜欢勤奋好学的徒弟，所以李小龙学武的时间虽然不长，却很得叶问喜爱。

叶问教李小龙练拳

后来名成利就的李小龙，曾提出以一间楼宇的高价，请叶问亲自示范全部咏春木人桩法，由李小龙拍摄成影片带回美国学习，但被叶问所拒。叶问说：“只要求学者有心，我就全力传授，但绝不把功夫当成商品出售。”这种不厚此薄彼、坚持武术本质的大宗师风范，不但为门下弟子所爱戴，更有利于推广咏春拳。在 22 年的授拳生涯中，叶问不但在港澳台地区把咏春发扬光大，更将咏春传播到世界多个角落，中外公认咏春“起于严咏春，盛于叶问”。

【家风传承】

叶问十分注重对人才的选择，他经常对跟随他学艺后来也同他一起教拳的儿子说："徒弟选择一个好师父，固然困难；但师父选择一个好徒弟，更加困难。"他一生教拳，从不挂牌，亦不卖招生广告，生源全靠口口相传。他这样做，只有一个目的，就是表示："我不是开门做生意的，我有选择学生的权利。"

作为一代宗师叶问的长子，叶准最初并未把传承咏春作为自己的事业，他甚至一度不理解为了武术献身、全身心投入咏春研究、授拳打击日寇的父亲。年幼的他也不明白为什么父亲情愿一家人受苦受饿也不愿意为日军授拳换取粮食。

据叶准回忆，在抗日战争时，叶家很穷，吃饭都成问题，但是有人请叶问去授拳，他都不去，情愿一家人饿着。叶问又忙于武术研究和抗战的事，根本没时间理会家里人，那时叶准心里颇有怨言。后来他通过咏春慢慢了解了父亲，也懂得了父亲的脾气和性格。叶问有习武之人的正义和傲气，穷苦的时候从不求人，不做对不起良心的事情，要他去教日本人武术根本不可能。即便过上了好日子，叶问也不追求名利，仗义疏财，有弟子或朋友经济拮据时，他都会解囊相助，即使是只有一面之缘的人，他也愿意帮忙。受父亲的影响，叶准一生中都刚正不阿，甚少求人。

对年幼的叶准而言，武术并不是他成人后的工作首选，更谈不上理想事业。直至父亲去世，为了继承父业，已经38岁的叶准才开始用心习武。让人吃惊的是，虽然人到中年，叶准却一学即会，一练即精。

通过对咏春拳的学习与研究，叶准逐渐理解了父亲，也理解了习武之人在中国人被蔑称为"东亚病夫"时的无奈，以及希望通过授拳习武打破卑微现实的渴望，也慢慢感悟到中国武者的那种"正直、打抱不平、不求人、能伸能屈"的精神和品格。叶准说："'东亚病夫'对习武之人来说是一种耻辱，更是一种不愿正视的痛苦，父亲叶问痛恨这样的时代，更痛恨日本人，所以他怎么可能愿意教日本人功夫呢?!"

理解了父亲和咏春，叶准一下子释放了潜藏的向往与激情。他子承父业，开始在香港的武馆授拳。后来又在香港咏春体育会、沙田大会堂授拳。为了更广泛地推广咏春，他还把咏春推向学校，在香港城市大学、香港科技大学、佛山科技学院设点授徒。当了解到电影能更有效地传播咏春后，叶准大力推动电影《叶问》的拍摄，担任武术指导，还饰演其中梁壁的角色。年近90岁的叶准如今白发苍苍，然而，无论哪个学校或者武馆邀请他来推广咏春，不管是从香港飞往美国，还是从美国飞往佛山，他都尽量参加。“尽我有力之年，希望更广泛地把咏春发扬出去，让人们通过咏春感受武术，感受中华民族的武者精神。”

【家教名言】

咏到梅花桩法妙，春生桃李艺林香。

——叶问传给弟子和子孙后代的师训

侨领

【心系桑梓情】

司徒美堂

洪门元老，一生爱国

【家族简史】

司徒美堂 1868 年出生在广东省开平县赤坎滘堤洲的一个农家。时值鸦片战争之后，中国南方的农村经济日趋萧条。外国商品的大量涌入，沉重地打击了乡村手工业。司徒美堂的家庭，就像千百万个农家一样，不断陷入苦难的深渊而终至破产。6 岁那年，司徒美堂的父亲去世，家境更加贫寒，他全赖寡母抚养。他千辛万苦地读了 4 年私塾，10 岁时不得不辍学，到新会县城的一个小作坊当搓线香学徒。在小作坊里，司徒美堂的师傅非常严厉。他日夜劳作，又不时挨打挨骂，觉得生活是一种痛苦，实在做不下去。又因为受人欺负，他便学习武艺，以图报复。不久，向美洲移民的热潮兴起，司徒美堂想去美洲的“金山”碰碰运气，于是 14 岁的他登上轮船，开启了在美洲的谋生。

【名人故事】

司徒美堂（1868—1955），原名司徒羡意，字基赞，广东开平人。是著名的爱国华侨领袖，辛亥革命老人，中国致公党的创始人之一。司徒美堂出生于一个贫农家庭，幼年失去父亲，备尝饥寒之苦。1882 年 3 月赴美谋生，加入“反清复明”的洪门致公堂。20 岁，他组织以除暴安良为职志的纽约安良总堂，被选为总经理，从此开展华侨的团结爱国、互助互济、兴学办报工作，前后达 30 年，声名彰显。1904 年，孙中山赴美活动，两人建立了深厚的友谊。其后，司徒美堂多次发动筹款，支持国内的革命。为支持抗日，司徒美堂发起成立纽约华侨抗日救国筹饷总会。1948 年，司徒美堂公开声明拥护中国共产党及召开新政治协商会议、组建人民民主政府的主张。1955 年，司徒美堂病逝于北京。

司徒美堂嫉恶如仇，以“忠诚爱国”自誓。1885 年，他加入了洪门致公党。像许多美国华侨一样，加入其中起初是出于谋生的需要，后来，洪门便成了团结各地华侨、华人最广泛的群众性组织。1904 年，孙中山以“洪门大哥”身份赴美进行革命活动，司徒美堂被孙中山的革命理想所打动，决定亲任保卫员之职，洪门组织从此开始从人力、财力等方面支持孙中山的反清革命活动。辛亥革命成功后，孙中山请司徒美堂回国当监印官，但司徒美堂却以“功成身退”和“不会做官”为理由，婉言拒绝。

抗日战争爆发后，他更积极发动华侨捐款支持祖国抗战。当时美国唐人街有很多下层华工社团，被称为“堂口”，有各自的地盘。在美国东部，安良堂和协胜堂是两个比较大的堂口，相互之间曾长期堂斗。“九一八”事变爆发后，司徒美堂认为，华侨应该团结一致，共同对敌。他主动向协胜堂检讨自己，并召开了两堂的“和平大会”。从此，两个堂口团结一致，共同发动华侨募捐支持抗日。抗战八年，纽约“筹饷总会”募捐达 1400 万美元。其中，由司徒美堂领导的安良堂捐款最多。

太平洋战争时期，他行抵香港，被日本侵略军当局拘捕，表现了高度的民族气节，拒绝伪命，化装逃走。日本特高课头子矢崎了解司徒美堂的底细，派人威胁利诱召他到特务机关去，强迫他出任维持会长，企图利用他出面组织香港帮会，协助日军搞“强化治安”。当时司徒美堂已届 75 岁高龄，表现出高度的民族气节。他对矢崎说：“我已年逾古稀，不想在入土之前背黑锅，那样犹如贞妇白头失守，半生之清苦俱非。所以我决意不当什么维持会长。”特高课很想杀掉这个倔老头，但碍于香港帮会势力大，不敢贸然下手，只好忍气吞声将他放掉。司徒美堂在洪门弟兄的帮助下，化装冒险潜离香港，偷渡到了内地。

到达重庆后，蒋介石夫妇对他毕恭毕敬，到访必迎，出则亲自搀扶到门外，并许以国府委员之职。而司徒美堂此时却目睹了国民党的腐败和大后方民众的困苦，对国民党极为失望，于是便拒绝加入国民党且不肯任官职。1942 年，他在重庆任华侨参议员，1943 年赴美洲十国，宣传中国人民英勇抵抗日本侵略的情况，继续为抗战募捐。1945 年，他在美国改组致公堂为中国美洲洪门致公党，被选为主席。同年 4 月，他被聘为联合国筹备委员会中国代表团的华侨顾问。

抗日战争胜利后，司徒美堂偕美洲华侨代表团返国，参加民主政治运动。国民党反动派发动内战，破坏和平，司徒美堂愤而去香港，发表拥护中国共产党“五一口号”的声明，表明愿意接受共产党的领导。1948 年，他再度赴美，发动华侨支持祖国人民的解放斗争。他代表美洲华侨回国参加中国人民政治协商会议，并参加了开国大典。新中国成立后，他曾任中央人民政府委员会委员、全国人民代表大会第一届常务委员会委员、全国人民政治协商会议第二届全国委员会委员、中央华侨事务委员会委员等职。他经常游历祖国各地，向国外侨报发表言论，号召华侨团结在祖国的周围，为建设祖国、保卫世界和平贡献力量。

司徒美堂在第一届全国政协一次会议上发言

1955 年，司徒美堂在北京去世，终年 87 岁。司徒美堂从少至壮，从壮至老，以身许国，永不言退。司徒美堂的一生，是爱国的一生。他矢志不渝的爱国精神和致力为公的崇高品格，深受广大海外侨胞的尊敬和爱戴。他不愧为海外华侨的一个光辉典范。在中国华侨史上，美洲的司徒美堂和南洋的陈嘉庚是齐名的爱国华侨领袖，史家有“南（洋）陈北（美洲）司徒”之说。

【家风传承】

司徒慧敏（1910—1987），又叫司徒柱，是司徒美堂的长子，广东开平人，中国著名电影技术专家及导演。他曾经担任文化部副部长、文化部技术委员会主任及中国电影家协会副主席。

司徒杰（1920—2005），原名司徒杰卿，司徒美堂的次子，广东开平人，著名雕塑家。1937 年考入北平艺专雕塑系。1939 年曾在新加坡从师德国雕塑家杜迪希，1945 年毕业于重庆国立艺专雕塑系，1949 年任教于国立北平艺专。历任中国革命历史博物馆创作员、加拿大安大略省美术学院特聘驻院美术家、中央美术学院教授、欧美同学会会员。1952 年起在中央美术学院雕塑系任教至 1987 年离休。是中国美术家协会会员、中国民主同盟盟员。司徒杰因病于 2005 年 4 月 9 日在美国洛杉矶逝世，享年 85 岁。

【家教名言】

望族出赵郡，苗裔启商周。
汉代安平之相，恩州甲第之英。
恩州进士及第，赵郡人才辈出。

——司徒氏宗祠对联

教以人伦，君义、臣忠、父慈、母爱、子孝、兄友、弟恭。

——开平司徒氏家训

张弼士

酿酒大王，精明强干

【家族简史】

张弼士之父张兰轩，清道光秀才，以教书为业兼行医，育有四子，张弼士排行第二。幼时因家贫，随父读书三年即辍学。

1840 年，张弼士出生在广东大埔县一个乡村私塾先生的家中。虽然父亲在教书之余，还行医治病，但家中的生活仍然十分贫困。小弼士在私塾中跟着父亲读了三年书，十三四岁时，就不得不辍学到姐夫家去放牛。一次他因为太沉迷于读书，牛吃了别人田里的草，而遭到了姐夫的责备。父亲没有责备他，只是为难地说："孩子，以后你打算干什么呢？"小弼士想到他读司马迁的《史记》，其中《货殖列传》这一篇有许多因经商而致富的例子，就对父亲说："我想学做生意！"因为一时没有合适的学做生意的机会，父亲就把他送到一家竹器作坊去做学徒。小弼士不怕吃苦，手艺学得很好。

在张弼士16岁那年，家乡发生了百年不遇的大旱灾，正在这时，村里有个姓黄的南洋华侨回乡探亲，见灾荒严重，就慷慨地拿出钱来，送给同村每户人家一斗白米。乡亲们都非常感激他。张弼士很羡慕，就找到这位华侨打听，他能不能到南洋去做工挣钱。姓黄的华侨见他身强力壮，手脚勤快，便表示愿意带他到南洋去谋生。张弼士兴冲冲地回家，说服了父母，就随着姓黄的华侨，登上了去印度尼西亚巴达维亚（今印尼首都雅加达）的帆船。这也是张弼士辉煌经商生涯的开始。

【名人故事】

张弼士（1840—1916），名振勋，原名肇燮，字弼士，广东省大埔县人。烟台张裕葡萄酒公司创始人，我国近代著名爱国华侨、民族实业家。1856年只身漂洋过海，到巴达维亚（今印度尼西亚雅加达），在一家纸行当学徒，后独立经营酒类商行，并获准承包酒税、典当税和一些地区的鸦片烟税，财富日增。同治五年（1866年），先后在荷属巴达维亚、怡里和英属槟榔屿（今马来西亚槟城）文东埠等地创办裕和、裕兴、亚齐、笠旺垦殖公司，万裕兴、广福轮船公司，东兴矿务公司，日里银行，还在新加坡、巴达维亚、香港等地开设药行等业。其全盛时期，全部资产折银达8000万两，发展成为东南亚的首富，所以美国人曾把他称为“中国的洛克菲勒”。1916年9月12日，张弼士病逝于巴达维亚。

从19世纪60年代开始的30多年间，张弼士经营的企业风生水起，涉及印尼、马来西亚的许多重要行业，构建了一个庞大的商业王国。据统计，顶峰时期（1869年），张弼士的财产达到8000万两白银，比清政府当年的财政收入还多1000万两白银，比当时江南首富胡雪岩的财产多出5000万两白银以上，成为富甲南洋的侨领、当之无愧的华人首富。

尽管张弼士深得晚清政府看重，甚至成为了见了慈禧都可免跪的红顶商人，但清政府的腐败无能和后来北洋军阀政府的相互倾轧，他却看得十分透彻，故对参政并不热心，把一生的主要精力都倾注于“实业救国”。张弼士主张“主权自掌，利不外溢”，他由商而官，声名显赫，英、荷殖民当局以其辟地增税有功、经营有方，礼遇甚隆，拟对其封官赏爵，他一一婉言谢绝说：“吾华人当为祖国效力。”在清廷任职后，他提出吸收利用侨资的主张，不惜把大量资金移归祖国各地兴办大批现代工业企业。其中

20 世纪 30 年代张裕公司的老门头

值得称道的是，1894 年他出资 300 万白银在山东烟台创办的张裕葡萄酒公司。这个公司一直延续至今，该厂生产的上等葡萄酒被列为中国名酒之一。

1892 年，张弼士应邀回国共商实业兴邦大计并亲赴烟台考察。考察完毕后他立即决定投资 300 万两白银，开辟 3000 亩葡萄园，红红火火建造了中国第一个也是亚洲最大和世界第三大的葡萄酒工业园基地，成立了以其姓氏“张”开头，以“裕”取意祖国昌隆兴裕的“张裕葡萄酿酒公司”；1905 年，历时 11 年的亚洲最大地下大酒窖建成。1914 年 1 月 20 日注册商标张裕“双麒麟牌”的葡萄酒横空出世。1915 年，张弼士应美国总统威尔逊邀请，带领中国代表团出席在美国旧金山召开的巴拿马太平洋万国博览会。张裕的 4 种葡萄酒（可雅白兰地、红葡萄酒、味美思和雷司令）在巴拿马万国博览会上一举夺得了一个金奖、三个优等奖！这是中华民族的产品在世界上获得的第一块金牌！中国人从此拥有了令西方人称道的金奖白兰地和系列葡萄酒，打破了洋酒不可战胜的神话！

张弼士在总结他的创业经验时说，第一要从长计议，看准了的事情就不惜投资；第二要坚韧不拔，决不向困难低头！确实，离开这两点，很难成就大事业。

1916年9月，张弼士在印尼巴达维亚病逝，享年76岁。其遗体运回家乡安葬，途中荷兰及英国殖民当局下半旗致哀，百姓则点香路祭。人们用各种方式来悼念这位曾叱咤风云的商界奇才。

【家风传承】

在相关记载中，张弼士有八个儿子。其中最有抱负、最有出息的当属他的第六子张巨烺。正是张巨烺开创了张裕葡萄酒实业公司，将父亲的基业发扬光大。虽然说张弼士在酿造葡萄酒方面已经算是个中高手了，但张巨烺不仅继承了这个事业，而且将其规模扩大化、国际化。

张巨烺除了是一位企业家，还带领全家投身抗日战争，为烟台解放做出了贡献。1938年2月3日，日本军队的铁蹄踏进烟台，实施残酷的统治、疯狂的掠夺。烟台沦陷后，日军随即将张裕公司资产全部查封军管。为解决战场所需，驻烟日本当局企图把掠夺的张裕公司变为军用，将酿酒生产改为军用汽油生产，但多次遭到张巨烺的坚决拒绝。对此，日本侵略者记恨在心，便将张巨烺一家老小数口人赶出张裕公司的宅院小楼，强迫他们限定在东河边几间低矮潮湿的破房居住，并停发了张裕公司的所有薪水。张巨烺一家在屈辱中萌发了强烈的爱国热情，对共产党领导的抗日战争寄予很大希望。

张弼士的大女儿张世禄毅然投奔到胶东抗日根据地，被送往胶东公校学习培养，参加了抗日队伍。1945年5月，她光荣地加入了中国共产党。之后，被上级党委安排在胶东区党委统战部工作。张巨烺也应邀到抗日根据地参观，认清了抗日的形势，自己深受教育。回来后，张巨烺秘密为前线采购食油、药品等紧缺物资，积极支援抗日战争。

1945年上半年，为掌握烟台日伪军的内部情报，党组织派遣张世禄回到烟台，以公开报考的形式打入烟台伪警察局特务科，秘密从事地下情报工作。她机智勇敢，在极其复杂和危险的环境中，忍辱负重，出生入死，与身边敌人周旋，搜集敌特活动和日军军事情报，曾多次将窃取的重要情报送到我方。她按照地下党的要求，将隐藏在伪警察局里的一对叛徒夫妇的身份查明，并交由地下党组织将其逮捕，彻底清除了一大隐患。张世禄把生死置之度外，严密监视日伪军的活动情况，当观察到日军开始登船从海上逃跑、伪军接防的情况后，她立即带着妹妹张世清，在漆黑的夜晚，冒着敌人的枪弹，巧妙地绕过敌人的岗哨，拼命赶在天亮前将情报送交南山我八路军攻城指挥部，为我军确定总攻时间提供了依据。

烟台解放后，张巨焿一家重新获得了新生。张巨焿积极响应政府的号召，面对千疮百孔的酿酒公司，千方百计地着手组织恢复和发展葡萄酒业的生产。张世禄由于革命工作的需要，被任命为市公安局侦察组副组长，又投入到侦破敌特的斗争中。张世清在父母和姐姐的启发影响下，很快便参加了革命工作。

【家教名言】

崇祀祖先、孝敬双亲、友爱兄弟、训诲子侄、和睦乡里、尊敬长者、怜恤孤贫。

——梅州张氏家族族规

士农工商皆属正业，族中子弟务须量材学习。

——张氏祠规

陈　芳

商界王子，乐善好施

【家族简史】

陈芳的祖先几辈由福建辗转迁徙至广东，最后在香山县黄茅斜村（后改名为杨梅斜村、梅溪村）定居下来。陈家在黄茅斜村算是个殷实人家，到了陈仁杰和陈仁昌兄弟这一辈，陈仁杰在澳门城开设有“陈记”士多店一间，专门销售中国干货，而弟弟陈仁昌则在黄茅斜村以务农为生。

性格豪爽的陈仁杰常年在生意场上奔波劳碌，一直到1828年才有了一个儿子，名字叫陈凡。而弟弟陈仁昌则育有三子四女，陈芳是他的第三个儿子。

陈芳出生后，36岁的陈仁昌大慰心怀，这个儿子从小聪明伶俐，是一个读书的好胚子，陈家未来的希望看来就要寄托在陈芳身上了。1839年，陈仁昌去世，临终之际将小儿子托付给兄长陈仁杰，希望陈芳能走上一条科举出仕之路，为陈家增添书香光彩。但接下来的1840年，鸦片战争爆发，陈芳平静的读书生涯被彻底打断了。

【名人故事】

陈芳（1825—1906），字国芬，香山（今珠海市前山镇）梅溪村人。父亲去世后，清道光二十九年（1849 年），陈芳随伯父到檀香山学经商，最初经营中国土特产和传统家具，后自立门户，与程植合办“芳植记”，从事甘蔗种植和制糖业。19 世纪 60 年代，正值美国南北战争期间，美国南方切断对北方蔗糖的供应，陈芳抓住这一机会，向美国北部大量倾销蔗糖，获得了巨额利润，很快成为华侨中的第一个百万富翁，被誉为“商界王子”。1857 年，陈芳娶夏威夷国王之妹为妻，被选举担任夏威夷国会议员。1881 年，被清政府光绪皇帝钦命为中国驻檀香山总领事。1890 年变卖 60 万美元之家产归国，在澳门兴办酒店，养殖荷兰牛。陈芳在家乡建造房屋时，花费巨资整理村容。清光绪帝曾赐其“乐善好施”旌碑。1906 年，陈芳逝于澳门，葬于故乡梅溪村。

1849 年，24 岁的陈芳帮伯父运货到檀香山销售，后留下来开了间小店。陈芳头脑灵活，首创了现代超市模式——“开架售货，自由选购”，生意火爆，据说连穿在身上的中式衣服都被人给买走。后来在店铺失火、店伙计卷走 3 万美元潜逃的情况下，陈芳也未曾放弃，毅然借高利贷重新开业。掘得第一桶金后，他转向经营种植园和制糖业，采用当时最先进的榨糖机器。美国南北战争爆发时，北方蔗糖稀缺，他目光敏锐，大量倾销到北方。凭着勤劳智慧和打拼精神，他很快致富，成为当地华人中第一位百万富翁，被誉为“商界王子”，名扬夏威夷。时至今日，建在陈芳当年居住的努阿努别墅原址之上的夏威夷著名的 THE HUNGRY LION（饥饿之狮）饭店，还有一份附有“百万富翁陈芳创业简史”的菜单，足见人们对他的景仰一直未曾消减。

在异国虽然风光，但对故乡的眷恋一直萦绕在陈芳心头。因为喜欢荔枝，他特地从故乡拉了一船土来，种下荔枝籽，使檀香山从此有了荔枝果。1886 年，香山发生特大水灾，很多村民流离失所、无家可归。远在异国他乡的陈芳获悉，捐赠白银 3000 两寄回国内救济灾民。

1890 年，整个北美大陆的反华浪潮传到檀香山，65 岁的陈芳深感夏威夷已不再是华人的天堂，他急流勇退，决定落叶归根返回家乡。这一年，陈芳携巨资回到梅溪老家定居，兴办公益事业，扶助乡民。在家乡，陈芳率领村民开凿了 7.2 公里的水渠。为了让村民能够方便快捷地了解外

梅溪牌坊

面的世界，他和儿子修了一条10公里长直通拱北关闸的石路。1891年夏天，陈芳和儿子一起去澳门，看到某酒店“华人与狗不得入内”的招牌时，愤怒的陈芳当众宣布以5000美元的价格买下酒店，改名为“四海芳园”，对所有人开放，“四海芳园”遂成为澳门市民最喜欢光顾的地方（今天这座酒店已经不复存在）。

由于陈芳及其父母乐善好施，光绪皇帝特意在其院子外面赐建了四座牌坊以示表彰，这就是著名的“梅溪牌坊”。其中一座在“文革”中被损毁，但剩下的三座却被村民自发地保护起来。今天，“梅溪牌坊”已是珠海一大文化景观。陈芳传奇的一生，既是一部华侨的奋斗成功史，又彰显着广东人精明执着、开放包容、爱国爱乡、乐善好施的文化精神。

【家风传承】

陈芳的传奇由他的儿女、后代与知道他故事的人继续演绎。他的次子陈席儒资助孙中山革命，后来成为孙中山任命的广东省省长。而他的孙子陈永安则在故乡做了两任地方官。他的曾孙泰勒后来成为美国著名的剧作家，把他心目中的曾祖父搬上了百老汇的舞台——1964年上演的歌舞剧

《13 个女儿》讲述了在一个庞大的华商富豪家庭里，父亲如何为自己 13 个华洋混血的女儿一一找到如意郎君的故事。因为情节独特生动，此剧直到 1993 年还在百老汇上演。

【家教名言】

此田经已禀官存案，自送之后永远作为庙塾尝田，凡我后人须要体予深心，不准生端索回，乡人亦不得觊觎，营私典卖图利。务使馨香有赖长昭俎豆之光，乐育有资永布菁莪之化，则神道昭彰于万载，人材蔚起于一乡矣。

——摘自陈芳《梅溪乡庙书塾尝业碑记》

陈慈黉

兼容广纳，情牵故土

【家族简史】

陈焕荣，字宣衣，是陈慈黉的父亲。他生于清道光五年（1825 年），幼时因家贫，他与其兄自少无法读书，只能长年累月到河溪池塘抓鱼摸螺，换些粮米，助家解困度日。因他个子矮小结实，自幼俗称“阿核”（意果核），后乡人见其成天浸泡在水里讨掠（以摸鱼虾为生计的意思），很有本事，遂号之为“水鬼核”。鸦片战争后，陈焕荣目睹时艰，不愿株守家乡，于是与陈氏族中青壮年到汕头、香港当船工。是时年仅十五六岁的陈焕荣，随船南来北往装卸货物，他任劳任怨、克勤克俭，把每次领取的工钱（银元）尽量积存，装入随身携带的竹槌里。

道光二十二年（1842 年），年近 18 岁的陈焕荣回乡娶妻成家，隔年（1843 年）就生下长子慈黉。由于有了妻儿，陈焕荣就更加拼搏，在外行船力争多赚多积蓄。后来，他自购船只，自任船主，开始自营货运经商，航行于上海、天津、青岛、汕头和南洋各地，成为当年樟林港最著名的红头船主。手头比较宽裕后，他经常帮助照顾有困难的乡亲，人们遂称他“船主佛”。陈焕荣以南北行起家，再移师暹罗，终致发迹，家族历六代而不衰，在二战前居泰华八大财团之首。

【名人故事】

如果说陈焕荣白手起家，打下家族事业基石，那么真正创下江山的要算陈焕荣的儿子陈慈黉。1843 年，“船主佛”陈焕荣喜得长子，取名慈黉。陈慈黉是个传奇性人物，泰国华人都称他为“慈黉爷”。颇有经营天赋的陈慈黉十来岁就成为父亲的得力助手，不到 20 岁就接替卧病的父亲全面掌管香港乾泰隆行。

陈慈黉（1843—1921），又名陈步銮，广东省饶平县隆眼城都前美乡（今汕头市澄海区隆都镇前美村）人。少年时就接管了他父亲的业务，1871 年于泰国曼谷创设陈黉利行专营进出口贸易，其后陆续创设各火砻（即新式碾米厂）于曼谷。他又与族人集资创设陈生利行（后改为陈元利行）于新加坡，联泰国、新加坡、香港、汕头经营于一环。1903 年，陈慈黉返回故乡澄海隆都前美颐养天年，捐资修桥筑路，倡建新村，创办成德学校，把统辖黉利各埠企业的重任交给次子陈立梅。他于 1921 年在家乡逝世，享年 78 岁。

1871 年，在曼谷对岸，陈慈黉家族的发祥地——吞武里火船廊，陈慈黉开设了陈黉利行，专营进出口贸易，尤其是以运输销售暹罗大米为主。陈慈黉开始每日坐在曼谷的陈黉利行，看着来自香港、新加坡、西贡、汕头等地的业务报表，指挥着陈黉利行的进退。由于数量大、需求多，陈慈黉在湄南河边开办了第一间火砻，方便从船上卸货装米入仓和运米出海，因此生意红火。在这以后他又陆续开办多家火砻，成为闻名遐迩的火砻王。19 世纪最后二三十年，在暹罗开火砻、做暹米买卖的华商数量不少，但像陈慈黉这般财大气粗的“行业大佬”却只有他一个，这得益于其父陈焕荣几十年商场打拼积累留下的“遗产”，不仅财产规模庞大，而且在经营方式上也形成一套行之有效的家族产业运作模式。

汕头地区流传着“富不过慈黉爷”的俗语，“慈黉爷”即陈慈黉，意思是再富也比不上陈慈黉。因为当陈慈黉刚掌管黉利行的时候，黉利行及其分行已是一个颇具规模的跨国米业贸易体系。到了陈慈黉时，已经发展成为集工商贸易、金融保险、船务航运和房地产于一体的跨国企业集团，在第二次世界大战前就被誉为“泰华大财团之首”，在当时“富甲南洋”。

陈慈黉是老一辈潮籍华侨在家乡兴办社会公益事业的先驱之一，他慷慨出资，先后筑桥修路，改善交通状况，以方便人们出行和货物运输，还带头捐资疏浚沟渠用以帮助农民灌溉，以保收成，同时兴办学校，让适龄学童都能免费就读。由他独资创办的隆都前美乡成德学校，是粤东地区最早的侨办学校。

【家风传承】

陈慈黉家族，也称陈黉利家族。这个族称的由来，是因为陈慈黉早年在泰国曼谷创办了陈黉利行而蜚声海内外，清末他回乡归养，又对家乡有诸多建树，闻名遐迩，所以人们盛称他为“慈黉爷”，其家族也被称为陈慈黉家族或陈黉利家族。

陈慈黉故居

潮汕有句俗话：“富贵不过三代。”意思是说优越富裕的家庭环境容易产生纨绔子弟，前人种树，后人乘凉。但是慈黉家族却打破了这个定论，创造了历经六代经久不衰的富贵神话。这与其兼容广纳，任人唯贤的经商才略，以及严格的家庭制度不无关系。为防后代产生“乘凉”思想，慈黉在泰国出生的次子陈立梅，9 岁便被陈慈黉带回家乡“延师课读”。二战前后，在香港读书的慈黉子孙，一律住在香港乾泰隆行里，往返学校自己坐电车或公共汽车。学成之后，从家族公司的底层做起，“始视其才而试之以事，验其成，然后再委之以重任”。

陈立梅（1881—1930），字惠芳，号鹤珊，陈慈黉的次子。青年时弃学从商，前往曼谷接替其父业务。1912 年，陈立梅于泰国、香港、汕头分设黉利栈汇兑庄；于泰国、汕头广置房地产；承租挪威国船舶之中暹轮船公司，航行于曼谷、香港、汕头、新加坡以及日本等地，前后达 40 余年。陈立梅热心社会公益事业，与高晖石等发起组织中华总商会，先后任泰国中华总商会及火砻公会会长多年。他参与创办泰国报德善堂、潮属培英学校、潮州女校，解囊捐助汕头存心善堂、福音医院、华洋贫民工艺院、香港广华医院、泰京天华医院、澄海便生医院等。1921 年后，陈立梅在汕头购置一大批房地产，对汕头市政建设起了推动作用。

潮汕地区又一句俗话说：“梅座山下好乘凉。”“梅座山”的“梅”就是陈慈黉的次子陈立梅，“座山”即“大头家”“大富人”，这句话的意思是，有了陈黉利家族的关照和提携，前美的内外乡亲都能得到好处。因为该家族一贯乐善好施，救灾恤难的善举很多。如乡里乡亲要出外谋生，可以免费搭乘黉利的轮船，到了泰国曼谷，也可以先到黉利火砻做工，解决食宿。如果另外谋取一份职业，家族不但不会阻挠，而且尽力扶持，使乡亲尽快有立足之地、安身之所。

1930 年，陈立梅在泰国曼谷病逝。在病中，他将儿子陈守明叫到床头，再次交代了家族的规矩，无论何人、无论何时都不许变卖家业，包括所有的固定财产、土地、物业，家族后代必须接受教育，能考上学校的，无论是什么国家的什么学校，都必须由家族支付学费，学成回来，进入家族企业必须从最底层做起，不许越级，拿同等级的薪水，严防出败家子。

陈守明（1903—1945），字和旸，陈立梅的次子。陈守明少年时被父亲送回老家澄海隆都前美读私塾，接受中华文化教育。1922 年遵父命偕三弟守镇赴泰，习练工商管理诸务，20 岁继承先业，总理全家族辖下企业，1933 年将黉利栈汇兑庄改为黉利栈银行，并开拓新兴事业，创立銮利保险公司，28 岁起任泰国中华总商会主席，历时四届 8 年。

陈守明让家人和社会刮目相看的第一招是创办黉利栈银行。这一年是 1933 年，黉利栈银行成为暹罗吞武里的第一家银行。黉利栈银行的前身是黉利栈汇兑庄，由陈立梅在 1912 年设立，但是汇兑庄的局限在于只是黉利属下的一个机构，只为黉利服务，业务范围小、业务种类单一。陈守明继承先业后独具慧眼、有超前意识，他看到当时暹京的几家外资银行服务对象都是洋商，为他们提供贷款、开具信用证，以方便洋商的进出口贸易，因而暹京的绝大部分远洋贸易都被洋商垄断。这些情况促使陈守明开始思考如何填补这个空白，黉利栈汇兑庄提醒了陈守明，他开始将汇兑庄升级为银行。由于黉利家庭在暹京的巨大影响，陈守明很快就办妥了一切手续。1933 年，黉利栈银行开张，注册资本金 100 万铢，同时在香港、新加坡、汕头设立分行。

可以想象，黉利栈银行的成立使黉利家庭的庞大事业由传统的火砻业、运输业、进出口业等行业进入到现代金融业，为古老的黉利抹上了现代企业色彩。在陈守明的统辖下，黉利进入鼎盛时期，同时成为泰华工商界执牛耳者。然而，在 1945 年 8 月 16 日，日军宣布无条件投降的翌日，陈守明却突遭暗杀身亡。陈守明为黉利走向鼎盛付出了一切，包括生命，陈守明的接任者是其三弟陈守镇。

20 世纪 40 年代初，太平洋战争爆发，泰国被日军占领，直至 50 年代末，差不多 20 年的时间，黉利始终处于守成状态，银行、保险业务疲软，进出口业几乎停业。但这并不是黉利一家所遇到的现象，彼时泰国政局混乱，经济得不到发展。1961 年，泰国政府颁布“五年期经济暨社会发展计划”，致力于工业发展，沉默了 20 年的黉利开始感到形势变了，机会正在出现，陈守镇也放开了手脚，让黉利这艘巨轮再度起航。陈守镇顺应泰国政府发展工业的政策，在家庭原先的农产品加工厂基础上扩大和再设新工厂，增设如力成粉丝厂、西罗烘干厂等。

到了 1973 年，在陈守镇的指挥下，黉利栈银行改名为黉利银行，同时出售了 40% 的银行股份给万国宝通银行。如此一来，黉利银行就从旧式的家族银行变为民营商业银行。在这一时期，陈家外出留洋的晚辈也陆续回到了曼谷，他们不断对陈守镇讲述着国际经济的发展趋势，以及最新的潮流，陈守镇慢慢也有了改变，接受了家庭企业的股份制改造。

20 世纪 80 年代中期，黉利银行成为泰京证券市场的注册会员，其银行股票可以在证券市场自由交易。据资料统计，到 1986 年底，黉利银行的总资产为 64.27 亿铢，分行 20 个；1990 年底，总资产增至 183.6732 亿铢，分行 32 个。

1982 年陈守镇逝世，但由于这一时期家族企业已经或正在进行股份制改造，所以他的离开似乎未对黉利造成不利影响。随着家族最后一位集权家长及精神领袖的死去，家族成员皆拥有黉利的股份，因此对家族决策大事也都有权过问，这是由集权到分权、由传统到现代的一个大转变，黉利这一古老的家族式集团企业也完全进入了新黉利时代。

黉利家族历经六代而不衰，至今更是老枝发新芽，这一商界奇迹令多少研究者着迷，也更令那些曾经富过的人深思。经过时间的洗礼后，这个巨富家族不仅家财亿贯，人丁也极兴旺。今天的黉利后代分布在世界各地十几个国家和地区，而且都受到很好的高等教育，成为各个行业的拔尖人才。

【家教名言】

事亲必孝，待长必敬。兄友弟恭，夫义妇顺。冠婚丧祭，秉礼必慎。学文必功，习武必勤。治国必忠，治家必严。居功毋骄，见恩必谢。士农工商，择术必正。毋听妇言，而伤同气。毋作非法，而犯典刑。毋以众而暴寡，毋以富而欺贫。毋以赌博而荡产业，毋以谣辟而坠家声。制行唯严以律已，处世当宽以绳人。苟能行之于久久，当必报之以冥冥。兹训词实系废兴，诵之再三，尔其敬听。

——陈氏家训